吉林省教育科学“十四五”规划课题——大学物理课程思政[illegible]
（课题编号：GH22831）

大学物理教学改革与创新能力培养研究

程　丹　著

北京工業大學出版社

图书在版编目（CIP）数据

大学物理教学改革与创新能力培养研究 / 程丹著 . 北京 : 北京工业大学出版社, 2024. 12. -- ISBN 978-7-5639-8715-3

Ⅰ. 04-42

中国国家版本馆 CIP 数据核字第 2024L1E361 号

大学物理教学改革与创新能力培养研究

DAXUE WULI JIAOXUE GAIGE YU CHUANGXIN NENGLI PEIYANG YANJIU

著　　者：程　丹
策划编辑：邹　怡
责任编辑：杜一诗
封面设计：知更壹点
出版发行：北京工业大学出版社
（北京市朝阳区平乐园 100 号　邮编：100124）
010-67391722（传真）　bgdcbs@sina.com
经销单位：全国各地新华书店
承印单位：三河市南阳印刷有限公司
开　　本：710 毫米 ×1000 毫米　1/16
印　　张：13.5
字　　数：248 千字
版　　次：2025 年 6 月第 1 版
印　　次：2025 年 6 月第 1 次印刷
标准书号：ISBN 978-7-5639-8715-3
定　　价：66.00 元

作者简介

程丹，女，1982年6月出生，中共党员，副教授，吉林省长春市人，硕士研究生毕业于东北师范大学。硕士研究方向：凝聚态物理。博士研究方向：半导体光电子器件物理与技术。现任教于长春光华学院基础教研部物理教研室，主讲“大学物理”和“大学物理实验”两门课程。主持和参与省级课题6项，发表SCI论文2篇、EI检索文章2篇、北大核心期刊论文1篇、省级论文10余篇，公开出版教材2部。获吉林省第二届高校青年教师教学竞赛一等奖、第三届吉林省本科高校教师教学创新大赛二等奖、首届吉林省本科院校教师说课大赛三等奖，指导学生参加第六届吉林省大学生物理实验竞赛并获得一等奖。

前　言

随着科技的不断发展和社会需求的变化，传统的大学物理教学模式已经难以适应时代的要求。因此，大学物理教学改革成为当今教育领域中的重要议题之一。大学物理教学改革旨在通过创新教学方法和教学内容，培养学生的创造思维、动手能力和解决实际问题的能力，以更好地满足社会的需求。21 世纪以来，经济、社会都在飞速地向前发展，创新能力在社会岗位人才素养中的需求度越来越高，国家大力推行教育改革，旨在培养创新型人才。大学物理作为理工科之中一门重要的课程，其对于大学生创新能力培养更具必要性。创新能力不仅是拓宽知识深度和广度的关键，更是开拓学生思维、培养实践能力和解决实际问题的核心所在。如何在大学物理教学中切实培养学生的创新能力成为当前教育界亟待解决的问题。

全书共七章。第一章为绪论，主要阐述了大学物理的学科地位、大学物理教学的发展、大学物理教学的目的、大学物理教学改革与创新型人才培养的关系等内容；第二章为大学物理教学的基本理论，主要阐述了大学物理教学的过程与特点、大学物理教学的原则与方法、大学物理教学的内容与评价等内容；第三章为大学物理概念教学的改革，主要阐述了物理概念教学的基本理论、大学物理概念教学的问题、大学物理概念教学的改革策略等内容；第四章为大学物理实验教学的改革，主要阐述了大学物理实验教学的内涵、大学物理实验教学的历史、大学物理实验教学的改革策略等内容；第五章为大学物理教学模式的改革，主要阐述了演示型教学模式、自主探究式学习模式、翻转课堂教学模式、混合式教学模式等内容；第六章为大学物理教学中的创新教育，主要阐述了大学物理教学与创新教育、大学物理教学中的创新途径等内容；第七章为大学物理教学中对学生创新能力的培养，主要阐述了创新思维与创新能力、大学物理教学培养学生创新能力的必要性、大学物理教学培养学生创新能力的策略等内容。

在撰写本书的过程中，借鉴了许多前人的研究成果，笔者在此表示衷心的感谢！并衷心期待读者通过阅读这本书，在学习生活以及工作实践中结出丰硕的果实。

探索知识的道路是永无止境的，本书还存在许多不足之处，恳请前辈、同行以及广大读者斧正，以便改进和提高。

目 录

第一章　绪　论

大学物理课程不仅是学生学习其他课程的基础，也是培养学生科学素养和创新思维能力的重要途径。在了解大学物理的学科地位、发展历程以及教学目的的基础上，推进大学物理教学改革是培养学生创新思维和自主学习能力的重要手段。本章围绕大学物理的学科地位、大学物理教学的发展、大学物理教学的目的、大学物理教学改革与创新型人才培养的关系展开研究。

第一节　大学物理的学科地位

一、物理学科的性质和地位

（一）物理学科的学科性质

学科性质或学科本质是一门学科区别于其他学科的重要标志。每门学科都是从某个角度或某个层面对自然现象及规律或社会现象及规律研究的结论。因为研究的角度或层面不同，就决定了每门学科在本质上的区别与差异。在课程标准中规定：物理学科是一门理论与实验紧密结合的学科。物理学是研究物质结构、物质相互作用和运动规律的自然科学。它由实验和理论两部分组成。物理学实验是人类认识世界的一种重要活动，是进行科学研究的基础；物理学理论则是人类对自然界最基本、最普遍规律的认识和概括。这就是物理学科的本质，它决定了物理学科的教学本质观。

第一，物理学是自然科学的带头学科之一。物理学作为严格的定量的自然科学的带头学科，一直在科学技术的发展中发挥着极其重要的作用。它与数学、天文学和化学之间有着密切的联系，它们之间相互作用，促进了物理学与其他学科的发展。

物理学与数学之间有着深刻的内在联系。物理学不满足于定性地说明现象或者简单地用文字记载事实。为了尽可能准确地从数量关系上掌握物理规律，数学就成为物理学不可缺少的工具；而丰富多彩的物理世界又为数学研究开辟了广阔的天地。所以说，物理学与数学关系密切。

物理学和天文学之间的关系也是非常密切的。这两个学科在研究宇宙和天体的运动、相互作用和演化等方面有着共同的目标。德国天文学家、物理学家、数学家约翰尼斯·开普勒（Johannes Kepler）和英国物理学家、数学家艾萨克·牛顿（Isaac Newton）所做的研究是物理学和天文学相结合的典型例子。开普勒通过对行星运动的大量数据的分析，发现了行星运动的三定律，这是天文学上的一个重要里程碑。而牛顿则在开普勒的研究基础上，提出了万有引力定律和机械运动定律，这两个定律在天文学和物理学中都有着广泛的应用。另外，在现代天文学中，物理学的研究成果被广泛应用于对天体的观测和研究。比如从无线电波到X射线的宽广电磁波频段为天文学提供了丰富的信息来源。而现代物理学的各种探测手段，如光谱学、X射线学、微波学等，也被用来研究天体的化学成分、能量来源和演化历程等方面。除此之外，天文学提供了地球上的实验室所不具备的极端条件，如高温、高压、高能粒子、强引力等，这些条件使得天文学成为检验物理学理论的理想实验室。例如，中子星理论是粒子物理学理论在极端条件下的应用，而脉冲星的发现则为中子星理论提供了重要的证据。大爆炸理论是现代宇宙论的标准模型，它完全建立在粒子物理的理论基础上，可通过观测和研究宇宙微波背景辐射等证据来验证这一理论。

物理学和化学之间也有着密切的联系，彼此间会相互影响。这两个学科的研究领域相互交织，共同探索物质的性质、结构和变化等问题。化学中的原子论和分子论为物理学中的气体动理论奠定了基础，这使得人们对物质的热学、力学和电学性质有了更深入的理解。量子理论的发展和原子的电子壳层结构的建立从本质上解释了元素性质周期变化的规律，这些理论的应用为化学家研究物质的组成、结构和性质提供了有力的工具。同时，物理学的发展也推动了化学研究的进步。量子力学的诞生和固体物理学的发展使物理学与化学研究的对象逐渐深入到更加复杂的物质结构的层次。对半导体、超导体的研究需要化学家的协助和支持。而在液晶科学、高分子科学和分子膜科学取得的进展则是化学家和物理学家共同努力的结果。另外，近代物理学的理论和实验技术也对化学的发展起到了积极的推动作用。例如，物理化学实验技术的发展为化学家提供了更加精确的测量手段，推动了化学反应动力学、热力学和电化学等领域的发展。此外，物理学的理论和实验方法还被广泛应用于化学分析、光谱学、原子分子物理学等领域，为化学家们揭示物质的微观结构和性质提供了强有力的支持。

第二，物理学是现代技术革命的先导。一般来说，物理学与技术的关系确实存在两种基本模式。第一种模式是由于生产实践的需要而创建了技术，然后将技术上升到理论上来，从而建立了相应的理论，再反馈到技术中，促进技术的进一步发展。例如，18 至 19 世纪的蒸汽机等热机技术就是在实践需要的基础上创建的，然后通过上升到理论上建立了热力学，再反馈到技术中，促进了热机技术的发展。第二种模式是在实验室中揭示基本规律，建立比较完整的理论，然后该理论在生产中发展成为一种全新的技术。电磁学的发展就是一个很好的例子。在英国物理学家、化学家迈克尔·法拉第（Michael Faraday）发现电磁感应和英国物理学家、数学家詹姆斯·克拉克·麦克斯韦（James Clerk Maxwell）确立了电磁场方程组的基础上，产生了现代的发电机、电动机、电报、电视、雷达等全新的技术。正如物理学家李政道所说："没有昨日的基础科学，就没有今日的技术革命"①

第二种模式在现代世界中的重要性更加显著。物理学作为现代高技术发展的先导和基础学科，为高技术的发展提供了理论基础和科学指导。同时，高技术的发展也对物理学提出了新的要求，促进了物理学的研究和应用。

物理学的基础研究对于核能技术、超导技术、信息技术、激光技术、电子技术等高端技术的发展起到了至关重要的作用。这些技术的应用范围非常广泛，包括能源、通信、医疗、制造、航空航天等各个领域。这些技术的不断发展，不仅推动了社会经济的快速发展，也提高了人们的生活水平和质量。例如，核能技术是一种清洁、高效的能源技术，可以为人们提供大量的能源，同时也有助于减少人们对化石燃料的依赖。超导技术可以应用于电力传输和储存，提高能源的利用效率。信息技术和激光技术则广泛应用于通信、数据处理、制造业等领域，提高生产效率和质量。电子技术则涉及计算机、半导体、集成电路等领域，为现代科技的发展提供了强大的支撑。

第三，物理学作为科学的世界观和方法论的基础，可以为广大研究人员提供理解和描述物质世界的基本框架。人们通过物理学的研究，能够获得对物质、能量、力和运动等基本概念的深入理解，从而形成对宇宙的全面认识。此外，物理学还描绘了物质世界的完整图像，揭示了各种运动形态的相互联系与相互转化。无论是对于微观粒子之间的相互作用，还是对于宏观天体之间的运动规律，物理学都有助于提供深刻的理解。这种对物质世界全面而深入的理解，充分体现了世界的物质性与物质世界的统一性。

物理学是理论和实验紧密结合的科学。在物理学的发展过程中，许多重大的发现和重要原理的提出都源于实验。实验为理论提供了基础和出发点，

① 郭奕玲．李政道教授在清华大学讲演没有今日的基础科学就没有明日的科技应用[J]．工科物理，1992（03）：1-3．

为理论提供了检验和修正的机会。同时，理论又对实验有着重要的指导作用，它有助于人们理解实验现象，预测实验结果，推动实验方法的改进和发展。这种理论和实验的辩证关系推动着物理学不断向前发展。

（二）物理学科的学科地位

物理作为学校教育中的一门重要学科，不仅有助于学生物理思维的形成，培养学生的创新能力，还对学生日后的成长与发展有着不可替代的作用。物理学科的教育价值决定了它在各门学科中的地位，是学生学习中不可缺少的一门学科。

物理学科在我国漫长的学校教育历程中逐渐完善和成熟，其在我国各项学科教育中的地位越来越重要。一方面，如果有了深厚的物理学科的基础，更利于学习和掌握其他学科的知识；另一方面，物理学科为数学学科提供了大量的研究素材，而数学学科则拓宽了物理学科发展。

物理学科是自然科学中一门基础且重要的学科，它主要探究物质、能量、空间和时间等自然界的基本概念，旨在揭示自然界中事物本质的规律。物理学科在科学知识教育、现代科技与工业以及人类社会的发展进程中都扮演着至关重要的角色。

二、高等教育教学与大学物理学科

（一）当前高等教育教学的定位

在传统教育观念中，大学阶段被视为学生的整个学习链条中至关重要的一环，只有通过高考，才能享受到这一阶段的教育。大学阶段也被视为大多数人接受学历教育的终点，随后是应用所学知识和享受教育成果的阶段。然而，随着新技术革命的推进，传统的教育思想、观念和教育体系的弊端逐渐显现。依赖大学教育的时代已经过去。随着人口不断增长、知识总量迅速增加、就业压力不断增大，继续教育、终身教育等新的教育观念正被世界各国普遍重视。

为了应对这些变化，高等教育教学的定位也发生了重大转变。政府越来越重视让更多人接受高等教育，培养通用型人才。高等教育已经从精英教育模式转型为大众教育模式，从培养英才的教育发展为培养通才的教育。在这种新的教育模式下，大学阶段不再是整个教育过程的终点，而是教育过程中的一个关键环节。学生需要不断保持学习的积极性，而不仅仅是在大学阶段接受教育。这种转变使人们逐渐认识到，大学不仅是提供高等教育的机构，更是推动终身学习的重要场所。在这种背景下，大学里各门具体课程的教学也正在发生相应的变化和创新，其中包括大学物理课程的教学。

（二）大学物理的地位和作用

对于物理课程在大学教育中的地位和作用，学界比较统一的看法是：大学物理课程具有双重作用，它既是物理基础知识教育的基础，也是科学素质教育的关键环节。它为后续学生学习专业课程打下了坚实的基础，提供了必要的物理概念、原理和实验技能。具体来讲，大学物理的学科地位如下。

第一，物理学是一门探索物质世界中最常见、最基本运动形式以及它们之间相互转化规律的科学。物理学的基本理论贯穿于自然科学的各个分支，并且在工程技术各个领域中也有广泛应用，因此物理学是自然科学和工程技术的基础和支柱。从学科发展的角度来看，大学物理课程可以分为多个模块，如力学、光学、电磁学、热学等。这些模块中都包含着物理学的基本理论和实验方法，它为后续专业课程的学习提供了必要的基础。其中，力学理论研究物体的运动和力的作用关系，是建筑工程、机械工程等专业课程的基础理论；光学理论研究光的传播和反射、折射等现象，是通信、机械工程、计量等专业的基础理论；热学和流体力学研究热的传导、传输和流体的运动行为，是化学工程、能源动力工程、纺织工程、医学、药学、食品科学与工程、食品质量与安全等专业的基础理论；电磁学研究电和磁场的相互作用，是自动化控制、电子、通信等专业的基础理论。

随着科学技术的迅速发展，物理学与其他学科之间的交叉和渗透日益紧密。物理学不仅为学生提供了适应现代科学技术发展的基础知识，还培养学生解决问题的能力。无论是在工程领域还是在科学研究中，物理学都发挥着重要的作用。它帮助学生在专业领域中发现问题、创造新技术，并为解决当前和未来的挑战提供了理论基础。

第二，物理学作为一门重要的素质教育课程，不仅仅是为了传授物理知识，更重要的是培养学生的科学思维方式、形成认识论和方法论。通过学习物理学，学生可以获得批判性思维、逻辑思维和创造性思维等重要的思维能力。物理学所涉及的观察、实验和推理的方法也可以帮助学生形成科学的思维模式，培养学生的科学素养。从认识论的角度来看，物理学教育可以帮助学生理解科学是通过观察、实验和理论构建知识的过程，以及科学知识的可靠性和不确定性。学生可以通过学习物理学的实例，了解科学方法的基本原理，如观察、提出假设、设计实验、收集数据、分析结果和验证理论。这些方法对于学生提升解决问题、做出决策和评估信息的能力有着重要的影响。

而从方法论的角度来看，物理学教育注重培养学生的实验和观察技能，加强学生的实践能力和团队合作能力。通过进行实验和观察，学生可以亲身体验物理现象，感受科学探究的乐趣，并培养学生观察、测量、记录和分析数据的能力。同时，在实验和观察过程中，学生也需要进行团队合作，通过分享和交流，共同解决问题，培养学生的合作精神和团队意识。总的来讲，在素质教育中，物理学课程的内容特点决定了它在培养高素质人才中的不可替代性。

第二节　大学物理教学的发展

物理学是一门科学，是实验科学、基础科学、定量的精密科学以及带有方法论性质的科学。物理学的三要素是实验、思维、数学。物理学是集古今中外无数贤哲艰辛的有趣的劳动成果大全，它诠释了从微观到宏观物质世界的结构和运动规律，并在发现完美规律的同时，形成许多令人惊叹的探究途径。物理学是一种根植于生活、自然、科学技术的文化，它的发生、发展紧密联系着人类的情感意志、思想完善和社会文明发展的进程，深刻地影响着人类社会的现在和未来。

一、物理教学的萌芽

物理现象是自然界中普遍存在的现象，它不仅与人们的生活和生产活动紧密相关，还会对人们的生活和生产活动产生深远影响。人们不断地作用于自然界，并通过自身的智慧和创造力，实现了各种发明和创造。例如，火的发明和利用、工具的制造、各种自然力的利用、手工业的发展和技术的进步，每一个环节都涉及物理知识的应用。在长期的发展过程中，人们不仅积累了丰富的生活经验，也积累了大量的物理知识。在早期的人类社会中，生产力水平相当低下，人们要依靠自身直接获取所需的生活资料，并且人们的生活经验也相当有限。在这个阶段，各个门类的知识还不可能从经验中分离出来，也不可能产生并分化出专门的教育。严格来说，在这个阶段并不存在真正意义上的物理学，也不会有物理教学的概念。但在集体生产和生活过程中，人们通过口头传授、示范和模仿的形式，在结合生产劳动和实际生活经验的基础上，将直接经验传递给下一代。物理知识紧密结合于人们的直接经验之中，不可分割，因此人们在传授直接经验的同时，也传授了其中的物理知识，从某种意义上讲，这也可以看作是物理教学的起源。

二、我国古代的物理教学

我国的物理教育历史悠久，其演进与科技和生产力的发展紧密相连。同时，它也受到当时社会政治、文化等元素的深刻影响，显露出社会发展的时代特征。古代中国的物理知识是在人们的生产和生活实践中逐渐形成的，人们通过技术应用，观察并定性描述物理现象。

我们的国家有着悠久的历史和丰富的文化传统。中华民族以勤劳和智慧闻名世界。在古代，我国人民凭借聪明才智，创造了丰富多彩的文化和科技，在世界文明史上留下了浓墨重彩的一笔。在这过程中，众多的哲人、科学家、发明家和技艺高超的工匠如繁星般涌现出来，他们的聪明才智为我国古代的手工业、文化艺术和科学技术的发展做出了不可磨灭的贡献。因此在相当长的历史时期我国的科学技术处于世界领先地位，这也离不开古代人民对自然界的深入探索和不断求知。他们不仅通过对生产和生活实践的积累，形成了一套丰富的感性物理知识体系，还用实验手段自觉地探索物理规律，形成了对物理知识的各种观点和学说，并通过著书立说，以文字的形式在一些哲学和科学著作中对物理知识进行了记录和描写。例如，《墨经》《考工记》《论衡》等著作中，就包含了大量有关物理学的精彩内容和独特见解。

在我国古代，人民在生产和生活实践中不仅创造了灿烂的文化和科学技术，同时也对物理知识有了深刻的认识。在这一阶段形成的物理知识并没有构建出完整的学科体系，而主要体现为人们在实践中观察和描述物理现象。

虽然我国古代有相当多的关于物理方面的著书立说，但从整体来看，其理论探讨还处于较为浅显的阶段，并未形成独立的学科，相关论述也比较零散，有关物理方面的讨论出现在一些哲学和科教著作之中。尽管我国古代学校教育在一定程度上有所发展，但其受到私学和科举制度的限制，更偏向于文经史哲方面，对自然科学则有所忽视。另外，由于当时未能形成独立的物理学学科体系，真正意义上的学校物理教育尚未形成。尽管如此，这一时期的物理教育教学也有其独特的方式和途径。

首先，在古代中国，物理教育并非独立存在，而是与手工业和技术教育紧密相连。物理知识往往会被广泛地应用于生产技术的各个领域，人们在传授具体生产知识和手工业技术的同时，也传承了其中的物理原理。家业世传和学徒制度是古代人们传授生产技术和手工艺的主要形式。这种形式强调了言传身教的重要性，师傅在实践中一边演示一边教授，学徒则在实践中一边学习一边掌握。这种教学方式对于物理知识的传承和应用具有重要意义。

其次，著书立说和制作实物是传播物理知识、进行物理教学的有效途径。这些著述和实物不仅体现了人们对物理原理的深入理解，还推动了这些原理在实践中的应用。这些途径对于物理知识的传承和发展起到了积极的作用。《墨经》《考工记》《梦溪笔谈》《革象新书》等就是古代传授物理知识的代表作。除此之外，我国古代人们发明制造了大量的科学仪器和生产、生活工具，如浑天仪、地动仪、指南勺以及多种乐器，它们都是根据一定的物理原理制成的。各种书籍、学说和实物流传的同时，也传授了其中的物理知识。

最后，举办私学和聚徒讲学是传授物理知识、进行物理教学的重要手段。自我国春秋战国兴起私学以来，士子们创办私学，招收弟子，将自己的专业知识、哲学观点、政治经济及社会见解等传授给弟子。在这些讲学中，物理学知识往往被融入其中，成为不可或缺的一部分。以《墨经》为例，这是春秋时期墨家私学教育的教材，其中涵盖了多方面的物理知识，如力学、声学和光学等。墨家学派在讲学的过程中，自然也就将这些物理学知识传授给弟子。再如，明末清初的思想家和教育家颜元曾在其创办的漳南书院中设有水学、火学等科目，包含流体力学和热学等物理知识。颜元通过讲学的方式，将这些物理知识传授给弟子，对他们进行物理教学。

上述传授物理知识的三种途径都是当时历史条件下的产物。它们的共同特点是，将物理教育教学寓于具体生产知识和手工业技术的传授过程之中，并且时断时续，缺乏连贯性和系统性。从严格意义上讲，这些还不是真正意义上的物理教学，只能视作物理教学的孕育过程。

三、大学物理教学的诞生与发展

在长期的封建社会中，中国学校教育长期以文经史哲为主，而对自然科学则不太重视。清朝实行了重农抑商以及闭关锁国政策，导致先进的科技被视为不正当的技术，这对学校开设自然科学课程带来了严重阻碍，进而限制了物理教学的发展。这也导致当时中国的物理教育教学与西方国家相比，存在着较大的差距。1842 年，第一次鸦片战争失败后，西方列强以洋枪大炮打破了中国的闭关自守，在此背景下，中国人民受到了西方列强的压迫。面对该局面，一些开明之人和有识之士愈发重视向西方学习科学知识，主张对新的科学技术进行推广学习。随着新式学校的兴起和科学知识的传播，人们开始关注世界，同时物理学也开始受到重视，学校的物理教育得到进一步发展，尤其是大学物理教学逐渐兴起并得到了推广。

（一）物理教学的诞生

第一次鸦片战争后，我国社会性质开始发生转变，由封建社会向半殖民地半封建社会过渡。面对西方列强的强大武力以及受到“西学东渐”的影响，一些有识之士意识到若要国家强大，必须进行教育改革。此时，一部分洋务派的人士开始对我国传统教学模式提出质疑，强调针对旧的教育模式进行改革，提倡创办新式学校，加强对“西文”和“西艺”的学习。

1862 年，我国创办了第一所开展“西文”学习活动的学校——京师同文馆。随后，上海广方言馆、湖北自强馆、广东同文馆等新式学校陆续成立。随着时间的推移，我国又于 1866 年创办了首所开展西方技艺学习活动的学校——福建船政学院。这所学校以培养海军和船政人才为目标，同时也为我国近代工业和科技发展培养了人才。此后，各种新式学校（如江南水师学堂、天津电报学堂等）相继开设。自这些新式学校建立后，近代物理学逐渐在我国学校教学中得以教授，这标志着我国近代物理教学的序幕被正式拉开。

1866 年，清末杰出的政治家爱新觉罗·奕䜣等人提出在京师同文馆中设立专门的算学馆的建议。这一建议得以采纳，并付诸实施。随着算学馆规模的扩大，同文馆的教学科目也在不断扩充。同文馆的课程涉及算学、天文、格致等众多领域。其中，格致也称为格物或格物学，可视为物理学和化学的统称，有时甚至涵盖了所有自然科学的范畴。在这些科目中，物理学被确立为当时学生们必须学习的核心基础理论。

1897 年，格致开始在京师同文馆中得以正式讲授，这一创举是我国教育史上首开在学校中系统讲授近代物理学的先河。这一突破性的发展不仅标志着我国有史以来第一次在学校教育中引入近代物理教学，同时也成为我国近代物理教学的开端。这一重要的历史事件对我国教育产生了深远的影响，并被视为我国近代物理学发展历程中的里程碑。

物理学作为一门基础学科，其在自然科学和技术领域中的基础性地位尤为显著。在洋务运动中，新式学校的兴起在一定程度上推动了我国封建传统教学模式的改变，同时强调将自然科学和技术纳入学校的教学内容。可以说，在新式学校中推行物理学教学不仅是客观需要，也是历史发展的必然要求。在那个时代的新式学校，特别是那些致力于传授“西艺”的学校，通常会开设物理学科或该学科下的某一分支科目。例如，上海格致书院的教学涵盖了重学、热学、气学、电学等一系列近代物理学科。

1903 年是一个重要的历史节点，“癸卯学制”正式颁布并得以实施。该学制构建了从小学到大学的完善教育体系，将物理学以法定形式全面纳入中学和大学的教学科目中。同时，为满足各级学校和不同专业的教学需求，相关教育部门精心编译了物理教材，并针对物理教学中的实验教学制定了一系列的基本规范，对实验仪器和教学要求等进行了一系列的规范和指导。总之，通过新式学校的建立和"癸卯学制"的推行，物理学在中国近代教育史上正式成为学校教学的法定科目，这标志着中国近代教育的重大进步。

（二）新中国成立前物理教学的发展

根据我国社会历史发展的进程，我国近代学校物理教学的发展可分为两个时期：新中国成立前和新中国成立后。在这两个时期中，学校物理教学经历了不同的阶段，每个阶段都有其特点和发展。其中，在新中国成立前，学校物理教学一般可分为两个阶段。

1.第一阶段（1903—1911年）

自1903年"癸卯学制"开始，物理学以法定形式被纳入了学校教学科目，一直持续到1911年辛亥革命爆发，这是所谓的新中国成立前学校物理教学发展的第一阶段。在该阶段，国家针对各级各类学校中与物理相关的教学活动进行了明确规定，其中不仅涵盖了中学的物理教学，还包括了大学的物理教学。在此期间，中学阶段的物理学是作为一门基础理论课来开设的，通过学习这门课程，学生可以获得关于物理方面的基本知识，为将来从事各项事业或升入高一级学校进行学习打下基础，而大学阶段物理教学的目的是造就物理学人才。大学在格致科中设立了物理学门，这是后来物理学系的前身。

这一阶段，在物理教材建设方面也取得了显著的进展。1904年，清政府成立了图书局，该机构专门负责教科书的管理和审定工作。此外，在这个时期，多本与物理教学相关的书籍被翻译和出版。值得一提的是，物理学家王季烈将日本学者饭盛挺造的《物理学》一书翻译为中文，并进行了一定的加工和润色。这本书的出版标志着我国首次出现了具有现代物理学内容和大学水平的物理教科书。随着时间的推移，大学物理教学的目的逐渐明确，教材的内容也日趋完善，与此同时相关的教学方法和模式也在逐渐成熟，这些都为我国近代大学的物理教学发展奠定了坚实的基础。

2.第二阶段（1911—1949年）

辛亥革命爆发至新中国成立，是新中国成立前的学校物理教学发展的第二阶段。辛亥革命后，南京临时政府成立，卓越的教育家蔡元培被任命为教育总长。他深知教育的重要性，并着手对清朝末年的教育制度进行全面的改革。在学制方面，他彻底改变了清朝末年的“癸卯学制”，并提出了全新的“壬子癸丑”学制。这个新的学制不仅更加符合时代的需求，也明确了物理学作为一门独立的学科开设。从1911年到1926年，我国近代大学的物理教学得到了长足的发展和不断完善。

在接下来的1927年至1949年，更多的物理学家开始投身于大学物理教学工作。这些物理学家不仅具有深厚的学术背景，也怀有对国家、对人民的深深热爱。他们中的许多人，如近代物理学家、教育家吴有训，不仅在清华大学任教，还经常到北京大学讲理科课程，传授物理学知识。此外，还有一些物理学家根据当时的需求，编写了一系列高质量的教材，如由物理学家严济慈编写的《普通物理学》教材。这些教材的出版推动了我国近代大学物理教学的发展。

（三）新中国成立后学校物理教学的发展

自新中国成立以来，学校物理教学经历了大发展时期，取得了辉煌的成就。然而，学校物理教学的发展过程并非一帆风顺，其中包含了许多沉痛的教训和艰难曲折。总体来看，新中国成立后的学校物理教学的发展可分为三个具有明显特色的阶段。

1.第一阶段（1949—1975年）

这一阶段是新中国成立后的物理教学发展的第一阶段。尽管之前物理教学的发展走过弯路，但总体来说，在这一时期取得了丰硕的成果，形成了我国的物理教学体系。这一时期被认为是我国大学物理教学的兴旺发达时期[①]。

在1952年之前，中国的高等院校主要借鉴当时美国高等院校的课程设置方式，工、医、农等专业都开设了一年的物理基础课程，这些课程在一定程度上体现了通识教育的理念。然而，在1952年之后，随着不同专业对物理基础课程需求的分化，这些课程的学时数也不断被调整，从80小时到110小时不等，这显示出物理教育逐渐出现了被弱化和不被重视的情况。

1956年，我国完成了社会主义改造，进入全面建设社会主义的新时期，这时期迫切要求学校能够培养出发展工农业的建设人才，因此在这一时期特别强调“使用仪器和工具的实际技能”；1963年则将“物理计算能力”纳入了物理能力的范畴，但科学的研究方法、科学思维、解决实际问题的能力仍然被排除在物理能力的范畴之外。

---

① 蔡铁权，何丹贤. 我国近代物理学和物理教育的兴起及早期发展[J]. 全球教育展望，2013，42（10）：109-118.

2.第二阶段（1976—1989年）

1976—1989 年是新中国成立后物理教学发展的第二阶段。这一阶段是物理教学振兴发展的时期。

1980 年，我国物理教育领域的知名专家赵凯华教授与一群热衷于物理教育的学者共同创办了中文核心学术期刊《大学物理》，为大学物理教师提供了一个发表学术研究成果、分享教学心得的平台。这个期刊的创办，极大地推动了我国大学物理教育的发展，促进了教师们的教学与学术研究。

在大学物理教学的过程中，对学生学习能力的培养也得到了充分的重视。《高等工业学校物理课程教学基本要求》（1987 年版）中就强调了学生们应具备独立阅读相关资料并理解其主要内容的能力。这种能力不仅能够帮助他们更好地理解和掌握物理知识，还有助于他们在未来的学习和职业生涯中更好地应对挑战。这一趋势对于提升学生的综合素质、增强他们的未来竞争力具有深远的影响。

在这一阶段，我国大学的物理教学在不断调整中迅速恢复，教学体系不断完善，教学质量也不断提高。这些都为我国的大学物理教学改革和加速发展奠定了良好的基础。

3.第三阶段（1990年至今）

进入 20 世纪 90 年代，我国国民经济的发展进入快车道，经济体制和社会体制的改革不断深入。为了与社会转型相适应，我国的物理教学进入了深化改革与加速发展时期，这是新中国成立后的大学物理教学发展的第三阶段。

20 世纪 80 年代中期我国产生了和应试教育相对立的概念——素质教育，从而引发有关素质教育的讨论和实施素质教育的有关教学改革尝试，经过数年的研讨后，20 世纪 90 年代初，素质教育在社会和教育界得到确立，并在大多数人的思想中达成共识。此后，我国的素质教育进入了实验推广阶段，基于此，大学物理教学改革也得到了不断深化。

1995 年原国家教委组织高等学校工科物理课程教学指导委员会制定了《大学物理课程教学基本要求》。这个文件主要针对高等工科院校的大学物理教学，在课程教学内容、教学方法、考试要求等方面提出了指导性意见。此后，1998 年原国家教委高等学校工科物理课程教学指导委员会又进一步提出了《关于改进和加强一般工科院校物理教学的几点意见》。这个文件是在《大学物理课程教学基本要求》的基础上，结合当时一般工科院校物理教学的实际情况，提出的改进和加强物理教学的几点意见。这些指导性文件的出台，对于提高我国工科院校的大学物理教学质量起到了积极的作用。同时，这些文件的影响也扩展到了非物理类学科的物理基础课程教学中。

2001年，中国教育部发布了一份重要的指导性文件，名为《关于加强高等学校本科教学工作提高教学质量的若干意见》。这份文件提出了一个创新性的建议，即建议高校采用外语来进行基础课程和专业课程的教学。这不仅是对传统教学方法的重要变革，也是对提高学生综合素质的积极尝试。同时，该文件还鼓励高校引进原版外语教材，这有助于提高学生直接获取专业知识和技能的能力。此外，该文件还明确要求三年内高校中双语教学的课程应达到五至十门，而大学物理课程是众多需要进行双语教学的课程之一。

到了2006年，教育部又发布了一份名为《非物理类理工学科大学物理课程教学基本要求》的文件。这份文件主要针对非物理类理工学科的大学物理教学，强调了大学物理课程在培养学生素质方面的重要性。文件中提出了素质培养的基本要求，包括通过大学物理教学来培养学生的求实精神、创新意识和科学美感。此外，该文件还建议学校设立开放性的物理实验室，让学生自己做实验，加强学生的实践能力，同时强调学校需注重学生创新意识的培养，可在教学内容中加入现代科学与高新技术物理基础专题部分，以开阔学生的视野。

教育部高等学校物理学与天文学教学指导委员会物理基础课程教学指导分委员会在2008年1月24日首次发布了《理工科类大学物理课程教学基本要求》和《理工科类大学物理实验课程教学基本要求》，经过两年的修订和完善，又于2010年再次发布。这两个文件是教育部下发的教学指导性文件，旨在为高等学校制定物理课程的教学计划和教学大纲提供基本依据，同时也作为编写课程教材和评估教学质量的指导依据。各高等学校充分重视这些要求，并根据其进行相应的教学安排。

2022年，教育部首批虚拟教研室建设试点“大学物理实验课程虚拟教研室（东北师范大学）”（以下简称教研室）开展了大学物理实验课程“同课异构”教学交流系列活动。教研室组织了来自不同高校的大学物理实验课程任课教师，让他们在教授相同的实验题目时展示各自的教学方式，并邀请了国内资深实验教学专家进行点评。这一系列的交流活动旨在通过“同课异构”的方式，进一步推广优秀的大学物理实验课程教学经验，拓宽教师们的备课思路。同时，该活动也促进了在物理实验教学方面不同高校之间的校际交流与合作。通过这种交流，教师们能够借鉴和学习不同的教学模式和方法，激发他们对物理实验教学的热情。该项目旨在提升教师的教学水平，并促进物理实验课程教学质量的提升，助力全国大学物理实验教学的高质量均衡发展。

在此阶段，随着高等教育课程改革的不断深入，大学物理教学也将获得跨越式的发展。

第三节　大学物理教学的目的

大学物理教学的目的对物理教材的编订、物理课程内容选择与组织、物理课程实施与评价都有指导作用，同时大学物理教学的目的也是大学物理教学出发点、开展大学物理教学活动的指南、大学物理教学活动的归宿。现代社会、科学和教育的迅猛发展，以及学生发展的需求变化，对未来社会所需的人才提出新的挑战。为适应这种发展变化，要深入研究当今大学物理教学的目的是什么。

一、物理教学的一般性目的

为确定物理教学的目的需要考虑多方面的因素，其中包括物理学的特性、社会对物理素养的需求以及物理学习者的个人发展需求等。通常来说，针对处于不同发展阶段的人，他们的个人发展需求和社会需求可能存在差异，因此物理教学的目标也会相应地有所不同。具体来说，物理教学的一般性目的主要表现在以下两个方面。

（一）为社会培养具备合格的物理素养的人才

从教育教学的社会性来看，教育教学总是要给社会培养多样化的合格人才。物理学也是这样，它要为社会培养具备合格的物理素养的人才。这种具备合格的物理素养的人才应当是多层次、多规格的。显然，这种对物理人才的多层次和多规格的需求，是由社会需求和青少年需求的多样性决定的。

社会需要有创新精神且基本功扎实的物理学研究人才。物理学作为科学技术中最重要的基础学科之一，其研究对象的广泛性和普遍性使它成为推动科学技术发展的关键力量。物理学与其他学科的结合，催生了一系列新兴的交叉学科，如化学物理、生物物理、大气物理、地球物理、海洋物理、材料物理等，这些学科正在向科学的前沿飞速发展，为社会进步和人类文明带来了巨大的推动作用。此外，物理学理论的发展和突破引发的工程技术变革层出不穷，如激光技术在短短几十年里就从实验室走进工程、医院、舞台、家庭。现代物理学的进展及其研究，如对超导、高能粒子、凝聚态等的研究，推动着其他科学技术的发展，对社会生产力和国民经济的发展起着重要的作用。而这些物理前沿及其应用研究，需要通过物理教学提供有创新精神且基本功扎实的物理研究的后备人才。

社会各行各业对具备基本物理素养人才的需求。科学和教育的迅速发展，极大地改变了工农业生产方式和结构。低技术和低效率的生产和管理正逐渐被高技术型的生产和管理所取代；乡镇企业、综合技术、多种经营正改变着数千年的农村经济；在各行各业工作的知识中技术成分的占比越来越大。因此，在现代社会中，一个人必须具备一定的科技知识、能力和素质。即使将来从事的工作与物理学关系不大，人们在日常生活中也会遇到许多现代化设备，要处理诸如“能源”“交通”“环境污染”等社会关心的问题。如果缺乏基本的物理学素养，就不利于正确使用这些设备和解决这些问题。因此，物理教学要注重培养具有基本科技素质的各行各业人员。

社会对从事物理学教育人才的需求。社会、科技、教育发展的同时，也对从事教育的人才提出更高的要求，要求从事教育行业的人具有先进的教育思想，精通教育科学和专业知识，能胜任为社会培养各种合格人才的重任。因此，需要培养一批从事物理学教育的专门人才。

综上所述，物理教学为社会培养的人才可以归纳为三个层次：①从事物理学研究事业，富有创新精神、基本功扎实、能力高超的后备人员；②为各级教育提供既精通物理科学，又精通教育科学的物理教师和物理学教育研究人员；③为参加社会建设具有基本物理素质的各行各业的人员。

根据目前我国社会的需求，以上三个层次的人才分布应当是金字塔式分布，培养的物理研究的后备人才占受教育者总人数的比例是极小的，各级物理教师和物理学教育研究人员所占的比例次之，各行各业人员所占的比例最大。

物理教学的基本目的揭示了物理课程与教学应当为培养社会需要的人才服务。这种人才是多层次、多规格的，其比例应符合社会需求。如何让全体学生在自身的基础上，学有所得，学有所成，都尽可能发展，是重要的研究课题。

（二）促进物理学习者的发展

物理教学要促进物理学习者的发展，这是由学习者发展和物理学的性质和特点所决定的。学习者有不同的发展需求，物理学具有知识与技能、过程与方法、情感态度与价值观的教学价值与功能。利用物理学多维度的教学价值与功能，有不同需求的学习者可以在他们原来的基础上得到发展。

物理教学是一门针对科学文化知识的教学，它要求学生掌握物理学的基础知识和理论，并学习其实际应用。物理教学不仅仅是传授知识，更是引导学生通过对感性材料的感知，逐步形成对物质世界的理性认识，构建以物理概念为基础、物理规律及有关理论为中心的知识体系。

另外，物理教学不仅关注知识的传授，更注重学生能力和科学方法的培养。其中，培养学生的实验能力、思维能力、探究能力和创新能力是物理教学关注的重点。物理教学以观察和实验为基础，以探究事物为基本过程，一方面培养学生的观察和实验能力，另一方面通过对研究问题的发现、实验的设计、实验数据的处理、结论的归纳与演绎等，培养学生的问题意识、思维能力、实验能力、探究能力和创新能力。

物理教学的内容含有丰富的科学观点和思想，有科学情感态度和价值观教育的丰富素材。物理学的内容本身揭示世界的物质性、物质的运动性、运动规律的可知性，物理学应用揭示了运用物理知识改造自然并与自然和谐共处的能动性。物理学的实验、概念、规律处处体现了科学的本质。物理学史中有科学家的优秀事迹的丰富素材。物理教学要求在知识的教学中予以情感态度与价值观的教育，培养学生尊重科学、实事求是的科学作风以及克服困难和严谨认真的工作态度，激发他们热爱科学、勇于探究的科学情怀，树立追求真理、科学造福人类的基本价值观。

物理教学的目的揭示了物理教学促进学习者发展的功能。物理课程与教学促进学生的发展是全面性、主体性的发展，学生在主动参与学习基本物理知识和技能的过程中，培养了多方面的能力，培养了科学的情感态度和价值观。因此，要构建有利于学生潜能发展的物理课程与教学。物理课程的学习内容、学习方式和评价方式要适合不同学生学习的需求。一方面，物理课程应当既有统一要求的必修内容，也要有不同发展需求的学生自主决定的选修内容；另一方面，物理学习方式既要有接受性学习的方式，又要有探究性学习的方式；同时，物理学习的评价要立足于欣赏学生学习的进步和促进学生潜力的发展。只有这样，物理课程与教学才能符合不同学生的发展需求，才能促进学生的全面发展、主体性发展、个性化发展。

二、大学物理教学的主要目的

随着时代的发展和教育理念的转变，我国的高等教育机构目前正经历着一场广泛而深入的教学改革，以一种全新的视角重新审视大学物理课程，对其提出了新的要求。一方面，大学物理作为自然科学的基础课程、理工科专业的重要基础课程，它的地位是不可忽视的。通过系统的学习，学生可以建立起较为完善的物理知识体系，为后续的专业课程学习和深入研究打下坚实的基础。同时，课程的内容也更加注重与实际应用的结合，更具有时代感和实用性。另一方面，大学物理课程更加注重培养学生的综合素质。利用物理学的学科特点，在课程中加强了对科学思维和科学方法的训练，提高学生独立思考和解决问题的能力。同时，通过大量的实践活动，学生的实际动手能力得到了锻炼，也培养他们的创新精神和创造力。此外，课程中还融入了科学思想方法、科学美学、世界观及意志品德的教育熏陶，使学生的综合素质得到了全面的提升，同时强调在素质教育中发挥物理学的重要作用。具体来讲，大学物理教学的主要目的包括以下三个方面。

（一）大学物理教学要帮助学生“悟理”

其一，大学物理教学帮助学生“悟”科学知识之理，这是由物理学科本质或者说是知识的意义性所决定的。物理学，原词出于希腊文“physica”，原意即自然，引申为“自然哲学”的意思。在当代，物理学是自然科学中的一门基础学科，研究物质运动最一般的规律和物质的基本结构。

物理学是理解各种自然知识的核心，是许多科学学科的基础。物理学科的知识浩瀚无边，并具有较为鲜明的“基于客观、终于理性”的知识属性；物理学科是对现象及其具有的现象特征、现象属性以及现象所遵循的规律或现象成因等进行的概括性表征，其形成大多经历了学科现象→学科问题→学科假设→学科知识的过程。

其二，大学物理教学帮助学生“悟”方法创造之理。在帮助学生“悟”得科学知识的意义性之外，体悟物理学的研究方法及知识创造之理，是大学物理教学的又一目的和任务。

物理学是一门以实验为基础的自然科学。它是通过实验的方法来研究物理现象的：通过实验观察现象、发现问题；根据实验结果归纳、猜想物理现象所遵从的规律；再以猜想的规律为指针，通过逻辑推理对进一步的物理现象做出预言，然后还是通过实验对预言进行验证，根据验证的结果来肯定或否定猜想。此后，又是通过实验发现新的问题，展开新的探索。实验—猜想—得到假说—做出预言—实验验证—再猜想……这就是物理学研究问题的基本思想方法。实验探索和实验验证的过程，犹如蚕蜕化蝶、凤凰涅槃，使物理学在一次次脱胎换骨后成熟、壮大。

物理学理论需要以物理实验为基础，物理实验也需要以物理学理论为指导。物理实验和物理学理论之间从来就不是割裂的，正是实验探索和理性批判的共同作用保证了物理学永远充满青春活力。例如牛顿第一定律，亦即惯性定律，这是一个由理性思考得来的重要定律，它来自实验。

在微观层面，图形 / 图象 / 图解法、极限思维方法、平均思想方法、等效转换（化）法、猜想与假设法、整体法和隔离法、临界问题分析法、对称法、寻找守恒量法、构建物理模型法等，也是大学物理教学需要关注的内容。

其三，大学物理教学帮助学生“悟”学习认知之理。随着世界经济迅速向知识经济转变，人类将进入一个全新的知识经济时代。知识经济给人类带来的变化是全方位和整体性的，使得学会学习成为人们不可或缺的生存能力。因此，大学物理教学也应该帮助学生“悟”学习认知之理。

历史上，人们对学习理论的探讨很多，而随着学习科学对情境认知、分布式认知和具身认知等人类学习规律的进一步揭示，人们对学习认知之理的研究更加深入。对于学习认知之理的体悟，还需要学生在物理学习中知晓学习类型（learning style，也称为学习风格或学习方式等）的基础知识。通过了解学习类型，学生能更好地认识自身的学习类型或学习风格。

其四，大学物理教学帮助学生“悟”人生社会之理。物理学“悟物穷理”，研究世间万物的“大小、多少、轻重、缓急、得失”等物理学基本问题，并以发现上述矛盾中的内在联系和作用规律、实现矛盾的和谐与统一为目的。人类社会是世间万物的一部分，因此，用物理这个放大镜、显微镜去透视人生、解析生活，有助于诠释复杂的人生和社会问题，并能够给我们带来独到的启示。例如，楞次定律是一条电磁学定律，它可简练地表述为：感应电流的效果，总是阻碍引起感应电流的原因。另外，在化学上有一个勒夏特列原理，它是关于可逆反应平衡移动的经典理论。与楞次定律一样，二者都有阻止变化的意思。牛顿第一定律、楞次定律、勒夏特列原理在本质上同属惯性定律。正如生活中，人一旦想有所改变，总会遇到很多阻力。

世界上的万物有其相通的道理，即有相似性，这是人们能够靠着自己的感悟能力，在不同学科门类领域之间进行一些概念、原理和方法移植与利用的基础。当然，在这里只说“相通”而不说“相同”，也是有原因的。如果说“相同”，不免会有想偷懒的人拿一些原理和方法去直接、生硬地推广应用，这种应用难免会产生“邯郸学步”的效果。如果明了其中的“相通”之处，又清醒地认识到“通而不同”，才能让学生更用心地观察，敏锐地洞悉不同事物之间的相似性和差异性，这样的思考结果才更符合实际情况，而且能够让学生变得更有想象力。

（二）大学物理教学要带给学生“好的学习体验”

优质的教学要让学生得到好的学习体验，这是教育要“以人为本”的必然要求。没有好的学习体验的教育是失败的，不能给学生提供好的学习体验的教师是不称职的。大学物理教学也需要带给学生“好的学习体验”。

积累日常生活体验，铺就物理学习之路，有利于使学生获得“好的学习体验”。在教学实践中，应将大学物理教学与生活紧密相连，让学生感受到所学知识的实用性，从而激发他们的学习兴趣和求知欲。通过引导学生将所学物理知识与生活实际相结合，让他们深刻体会到物理知识在社会生活中的应用价值，实现“从物理走向社会”的目标。例如，可以利用寒暑假的时间，有计划、有目的地组织学生开展生活物理知识感知活动。让学生通过观察生活中的物理现象、参与社会实践等方式，将所学物理知识与实际生活相互联系，感受到物理知识的实用性和价值。

教师通过关注社会生活、关注学生需求和心理状态，将物理教学与学生兴趣相互结合，可以让整个教学过程变成学生愉悦的情感体验过程。在这样的教学过程中，学生可以更加深入地了解到物理知识的实用性和奥秘，真正激发他们勇于探索科学知识的潜能和热情。特别是在新课结束后利用“体验性实验”，要求学生根据所学知识，在应用中体验实验规律，分析实验现象，这不但能起到巩固知识的作用，更能使学生在生活中体验到学习物理的趣味，使他们真正投入到物理的大世界中去。

（三）大学物理教学要培养学生创造性思维和进行创造性实践活动

大学物理教学的目标不应仅局限于传授给学生物理知识和培养他们的物理能力。更为重要的是，应该培养学生的创造性思维和进行创造性实践活动。如果一个人拥有物理知识和能力，但却不运用它来造福社会和服务人民，那么无疑是错误的。只有通过勤于思考和实践活动，将物理知识和能力高效、有益地运用到改造世界和推动社会进步中，才能真正实现大学物理教学的目的。

第四节　大学物理教学改革与创新型人才培养的关系

一、大学物理教学改革对创新型人才培养具有重要意义

随着社会的不断发展，提升竞争力成了至关重要的一环。而在这个过程中，人才的重要性不言而喻。社会的竞争归根结底也是人才的竞争，这一点

在当今社会尤为明显。现在的社会对人才的需求量越来越大，对人才的要求也越来越高，不再仅仅局限于专业知识，而是更加注重创新能力和综合素质。在这样的背景下，大学物理教学也必须做出相应的改变。

为了培养出更多的创新型人才，大学物理教学必须改变传统的教学方法和手段。传统的教学方式虽然可以帮助学生掌握一定的专业知识，但在培养学生的创新能力和综合素质方面却显得有些不足。因此，必须对大学物理教学进行改革，为学生学习物理知识创造良好的氛围，搭建一个良好的平台。通过教学改革，可以为学生学习物理知识营造出积极向上的环境。在这个环境中，学生可以更加积极主动地参与到各种活动中去，激发他们学习物理的积极性和兴趣。同时，还可以通过各种方式培养学生的发散思维和创新能力，让他们在参与活动的过程中不断拓展自己的思维，提高自己的创新能力。因此，大学物理教学改革对创新型人才培养具有重要意义。具体来讲，主要表现在以下方面。

（一）有助于激发学生自身的创造性思维

大学物理教学改革致力于深入讲解专业的物理理论和知识，并借助新的教育手段和教学技术手段，以实验为基石，以问题为导向，全力推动学生物理思维能力的构建。大学物理教学改革可以通过变革物理教学的内容和形式，与学生主体的教学模式相契合，从而推动学生物理思维的建立。同时，也强调学生通过自身实践发现问题、思考问题并解决问题，以此实现学生逻辑思维体系的优化和完善，激发并提升学生的创新思维能力。

（二）有助于提高对知识的应用和实践

大学物理教学改革有望打破传统的课堂教学模式，通过教学模式的革新，专注于培养学生的思维。这将帮助学生学会独立思考，加强对课堂上和实践中所学知识和经验的利用；同时也能够让学生积累丰富的经验，并以此来实现其在具体实践中问题的有效解决。此外，大学物理教学改革在提升学生对知识的理解和应用的基础上，可以通过恰当的引导，激发学生的创新思维，实现学生对已学知识的再利用和再创新。这种改革有助于培养具有创新思维和能力的物理方面的人才，为学生的未来发展打下坚实的理论基础和思维基础。

（三）有助于积极响应国家创新驱动战略

大学物理教学改革可以充分发挥物理教育在提高学生科学能力和发掘学生创新思维方面的作用，满足当前社会对创新型人才的需求，实现高校培养创新型人才的教育教学改革目标，可以说，这一举措对现阶段我国建设创新型社会、坚持以创新推动实践发展的重要目标具有积极的作用。

通过对大学物理教学的改革，可以更好地实现创新型人才的培养，为创新型社会的有效发展提供源源不断的人才支持，进而强化大学物理的教育意义。只有通过改革，才能更好地适应时代发展的需要，培养出更多具有创新意识和创新能力的人才，为国家的繁荣和发展做出积极的贡献。总而言之，开展大学物理教学改革是积极响应国家政策、顺应时代潮流发展的重要举措。大学物理教学改革对于培养创新型人才、推动创新型社会的发展具有重要意义，也是高校教育教学改革的重要方向之一。

二、培养创新型人才对大学物理教学改革提出了新要求

在新的时代背景下，培养创新型人才对大学物理教学改革提出了新的要求，而要充分发挥大学物理在培养创新型人才中的作用，就必须在以下几个方面做出必要的改变。

第一，注重物理思想教育，启迪学生的创新思维。要培养自主创新能力首先需要有创造性的思维和思想。在物理学中，新概念和定理的出现是对旧思想的挑战和突破，这些都与创造性思维紧密相连。例如，法拉第通过直觉和灵感创造性地提出了场的概念；库仑定律的确立得益于类比思想的应用；而电生磁与磁生电则是运用对称法则和双向思维的一个典型案例。为了培养学生的自主创新能力，应当在大学物理课程中教授物理思想，让学生掌握大学物理知识与理论形成过程中的科学创新思维方式。不仅如此，教师还需要鼓励学生在探讨物理问题时积极运用创新思维，如将电场与磁场进行类比，以此来实现对磁单极子问题的深入探讨。大学物理课堂的教学内容不能仅仅局限于物理知识的传授，而是要融合科学家们在解决问题过程中所运用的方法论。尤其重要的是，要让学生掌握这些规律的共性，注重学生创造性思维的培养。

第二，改革考核方式。在互联网技术日益发展和普及的背景下，知识的获取变得更加容易。学生不再把传统的课堂作为获取知识的唯一途径。同时，很多教师也逐渐意识到，重点不再是传授知识本身，而是培养学生获取知识和创新的能力。因此，在教育改革中，教师们应该转变传统的单一考核方式。他们应该更加注重对学生平时学习过程的考核，通过这种方式来培养学生的知识获取能力、创新思维和创新能力。在新的考核方式中，期末考试成绩只占总评成绩的 50%，而平时学习过程则占剩下的 50%。其中，作业完成情况

占 15%，而预习和课堂表现（包括是否进行预习、出勤情况、参与课堂讨论、回答问题等）则占 35%，这部分评价中学生自我评价占 10%，互相评价占 10%，教师评价占 15%。通过引入这种新的考核方式，学生将不再只关注期末考试的成绩，而是在平时学习过程中注重自己的知识获取和创新能力的培养。他们将更加积极地完成作业，提前预习课程内容，并积极参与课堂讨论。同时，学生相互之间的评价和教师的评价也会激发学生的自我反思和成长。

第三，针对专业特点进行教学机制的改革。教师应该尽量按照学生的学习能力和水平进行分层次的教学，以便更好地满足学生的需求。在教学过程中，需要特别重视物理实验教学，因为实验可以帮助学生更好地理解和应用理论知识。教学内容的要点体现在如何联系基础理论和专业实践，通过这种方式帮助学生更好地掌握和应用知识。此外，考核评定模式也应根据专业的不同而有所不同。比如在考核模式中加入实践成绩。在平时成绩与期末成绩的基础上，通过加入实践成绩，教师可以更加直观地评定学生在大学物理课程中的学习程度，同时综合评定学生在课外学习中取得的成果，包括参加科研项目、发表论文、参加竞赛等，以此挖掘具备创新思想的人才，激发学生的积极性。

第四，注意学科间渗透，培养学生的综合创新能力。在大学物理教学中，教师应该注重将现代科学技术、国防竞赛、医疗卫生、人文知识等与物理知识进行深度结合，可以引入最新的科研成果和科技动态，让学生了解科学的前沿知识，开阔他们的视野，并激发他们的学习积极性、主动性和创造性。例如，教师可以讲解我国的“神舟五号”首次载人发射和回收成功，让学生了解其发展过程、用途和意义，还可以介绍宇航员在太空中的生活和工作情况，设计思考题目以促使学生讨论和思考。在大学物理教学中，还应该注重不同章节知识的相互联系和渗透，推动学生的综合能力进一步提高。同时，还可以以物理学科为中心，探索其与化学、生物等学科的交叉联系，促进跨学科知识内容和研究方法的渗透，从而实现对学生综合竞赛能力的培养。

新时代下的大学物理课程改革还强调从根本上改变学生的学习方式，改变他们被动的学习态度，鼓励多样化的学习方式，特别是自主、探究和合作的学习方式，以期学生能够成为学习的主人，培养其主体意识、能动性、独立性和创造性。作为教师，在体验教学中应该注重对学生自主性和独立性的培养，引导他们质疑和探究问题，从而不断提高他们的能力和素养。

第二章　大学物理教学的基本理论

物理学是重要的自然基础学科，学生的物理学的学习情况对其日后自然科学研究影响非常大。大学物理教学的特殊性表现，在于其研究范畴是大学物理教学，研究对象是大学物理教学中遇到的各种问题。为了更好地探究与解决大学物理教学中的问题，需要先对大学物理教学的基础理论有所了解。本章围绕大学物理教学的过程与特点、大学物理教学的原则与方法、大学物理教学的内容与评价展开研究。

第一节　大学物理教学的过程与特点

一、大学物理教学的过程

（一）大学物理教学过程的概念

教学过程的概念应该有广义和狭义之分。狭义的教学过程主要指的是一节课或一个单元的教学所占用的时间，通常包括以下六个方面：一是启发动机，激发求知欲望；二是感知教材，发展观察能力；三是理解教材，发展思维能力；四是巩固知识，发展记忆能力；五是运用知识，形成技能技巧；六是检查知识，调节教学活动。广义的教学过程是指师生共同实现教学任务时的活动状态及时间流程，它包含了相互依存的教和学两方面，是教师与学生双边活动的过程，包括制订教学计划、备课、上课、作业处置、评价反馈等全过程。

根据对一般教学过程的认识，我们可以把物理教学过程表述为：物理教学过程是在相互联系的教与学的形式中进行的，在传授和学习物理学知识的基础上促进学生身心发展的，由社会精心组织起来的认识与实践统一的活动过程。

大学物理教学过程是以学生为主体的，在教师的辅导下，学习掌握物理知识、发展物理能力、提高物理素质和逐步认识客观世界的过程。教学论研究的重要领域之一是教学过程的概念和特性。只有正确认识和理解大学物理教学过程的相关理论，才能制定出符合客观规律的物理教学原则，为选择合适的物理教学方法和模式提供理论依据。

（二）大学物理教学过程的规律性

一般而言，研究大学物理教学过程，其目的是要认识大学物理教学过程的规律性，即物理教学过程固有的客观属性，从而为确定物理教学目的、选择物理教学内容、编写物理教材、制定物理教学原则等诸多方面的工作提供理论依据。

在大学物理教学过程中，涉及多个因素，如教师、学生、物理教学内容、教学媒体、教学环境等。但是，影响物理教学过程的最基本、最主要的因素是学生、教师和物理教学内容。在教学过程中，物理世界是师生认识的对象，学生、教师都要和物理世界发生作用，同时学生与学生、学生与教师之间也在不断作用，此时相互作用的各方都是有主观能动性的人，是一种人与人的作用。教学规律就是指教学过程的规律性，即教师、学生、教学内容三者之间的关系。

物理教学的目的，就是要让学生学习、掌握物理学知识，进而促进其发展。物理教学的最终效果是通过学生来体现的，物理教学的质量高低主要反映为学生在物理教学中是否得到充分发展，是否掌握了物理学的知识与技能，是否提高了科学素养，是否形成了正确的人生观、价值观和世界观。对学生而言，学习物理知识是一个从未知到已知、从知之较少到知之较多的转化过程，其实质就是认识过程。实现这一目的主要是靠学生主体与物理客体的相互作用。学生的主体作用是“内因”“依据”，学生学习是复杂而有规律的认识过程，这是要通过学生的主观能动性来完成的。学生主体发挥积极的能动作用是关键。因此，需要发挥教师的主导作用——传道、授业、解惑。具体地说，就是教师在教学中要为学生创设一个以学生为主体的物理学习情境，使学生在物理情境中通过自己动手、动口、动脑等活动充分发挥主体的能动性，学习物理知识，使学生受到全面、系统的物理基本训练，培养学生的科学态度，使学生掌握科学方法和技能。对物理从感性认识上升到理性认识的关键在于对感性材料的思维加工，只有通过思维加工，才能认识现象的物理本质。因此，在物理教学中一定要突出物理思维的作用，把对学生思维能力的培养放在突出地位（导引、点拨、启发）。

大学物理教学过程是以物理知识为载体，通过师生、生生之间的多方互动形成的教师教物理和学生学物理的过程。在教学场景中，每个参与教学活动的师生在某一时间都会扮演特定的角色。要使课堂焕发生命力，师生交往时应该遵循平等、相互理解的基本原则与要求，要充分理解学生是成长中的人，其具有认识物理世界的巨大潜力，学生参与物理教学的目的是认识物理世界，学习前人创造和积累的物理知识和间接经验，促进学生个体的素质提高和全面发展。

在教学过程实施前，学生对将要学习的物理内容还处在未知状态，而教师先于学生接受教育，其不仅掌握了一门或几门专业知识，还懂得教育科学，了解学生的心理特点。在实施教学过程中，作为“先知”的教师，要充分发挥“引路人”的作用，通过课堂教学或个别讲授等形式指导学生学习和探索，以最快的速度、最有效的方法获得新知，得到发展；而学生要理解教师，勤奋学习，充分发挥学习的主观能动性，主动参与物理教学过程，变“要我学”为“我要学”。在物理学习过程中，学生要勇于实践、探索，认真观察自然界中的物理现象，动手、动脑，做相关的物理实验，勤于思考，认真分析物理现象，总结规律，善于交流，可经常与教师和同学交流自己对物理内容的理解，在交流中表达学习感受。

总之，大学物理教学过程中的规律性是其固有的客观属性。它是在实施教学时必然表现出来的现象，只要有大学物理教学，这些现象必然出现，它不以人的主观意志为转移。

教学是为了学生的发展，教师要最大限度地促进学生智力因素、非智力因素的发展。为了有效促进学生的发展，教师要了解学生的发展现状及心理特点，研究学生的发展水平和心理特点，教师教学要符合学生的发展现状，重视物理学思想和物理学方法的教学。

（三）大学物理教学的步骤

大学物理教学的过程中，学生是在教师的指导下，通过自身的学习活动来理解和掌握物理知识，并培养相关的物理能力。这个过程也是学生对世界进行逐步认识的过程。本质上，学生掌握知识的过程可以被理解为将前人的知识转化为自己的知识的过程。在这个过程中，学生不仅学习了新的知识，也锻炼了自己的认知能力和理解能力，进而提升了自己对世界的认识和理解。因此，从本质上看，大学物理教学过程就是认识过程[①]。

大学物理教学的基本过程主要包括：备课、讲课、作业布置、成绩检查与评定。

---

① 张新国．浅析物理教学过程的基本特点[J]．现代技能开发，2002（05）：35.

1.备课

第一，钻研教学和了解学生，主要包括：①钻研教学大纲、教材和参考书，对教材力求“一懂二透三化”；②注意介绍新知识、新技法及其表现和发展情况；③了解学生，讲究因材施教；④选择教学方法；⑤琢磨教学技巧。

第二，编写教案，主要包括：①确定班级、学科名称、授课时间；②确定课题、目的与内容、重点与难点；③确定课程的类型与结构安排、各部分时间分配和教学方法、提问安排、作业布置、重点和难点剖析方法；④演示器材或电教设备的准备。

2.讲课

这一过程主要包括：①准时进入教室、准时下课，上课时不得随意离开课堂；②严格按照教案规定的时间、内容、方法讲课；③注意调动学生的积极性，妥善处理课堂中出现的意外干扰，保证教学顺利进行；④教师要注重仪容教态，力求朴素端庄、从容大方、精神饱满，语言力求准确、清晰、简练、生动、通俗、逻辑性强、速度适中，语调应抑扬顿挫；⑤教师作示范画时应照顾到所有的学生，应让学生看到作画步骤；⑥做好课后回忆，及时总结本课经验并写入教案。

3.作业布置

第一，布置作业的要求，主要包括：①符合大纲范围和要求，有助于理解、记忆、巩固知识，形成技能、技巧；②规定完成的作业要达到较高水平，注重训练的数量，熟能生巧；③作业要求明确、富有技巧训练性质，力图结合实际问题、专业应用情况。

第二，作业批改，主要包括：①按时批改、打分、发回；②作业批改有全批、全改、部分批改、轮流批改等形式，采用何种形式应由科组长根据不同学科的要求和教师工作量决定，且应当认真批改；③注意将作业中普遍存在的问题（如学习态度、学习方法、思想方法及难以理解的问题等）记入教案，且应在下次课时解决。

4.成绩检查与评定

成绩检查与评定的目的在于促进学生的练习，巩固与运用，明确努力方向；帮助教师了解自身教学情况，改进教学方法；帮助领导了解教学质量，改进教学工作。具体来讲，主要包括以下两方面。

第一，学生成绩检查方法，主要包括：①平时考查，包括作业、课堂练习、学期测验；②阶段考试，练习与考试时间在教学工作计划中应有所规定。

第二，学生成绩评定，主要包括：①按百分制评分，60 分为合格；②评分标准按照期末考试的要求，评分应恰当、公正。

二、大学物理教学的特点

（一）大学物理教学的本质特征

辩证唯物主义思想始终贯穿在物理教学的整个过程中，因此物理教学的本质是科学性。这种科学性具体表现在大学物理的教学思想、教学内容、教学方法三个方面[①]。

1.教学思想的科学性

在物理教学的全过程中，学生是学习的主体。要使物理课程的教学成为学生全面发展的基本途径，除了充分尊重学生的人格、尊严和权利之外，还要调动学生自身的学习积极性，让学生主动参与物理学习和探究。也就是说，在大学物理教学过程中，教师与学生的一切努力就是为了培养学生的能力，提高学生的物理科学素养。

另外，大学物理教学应当体现物理学科的基本观点。具体来讲，主要包括：①实验的观点。靠观察物理对象难以发现内在规律和本质性的东西，通过实验，才能对被观察的客体做出较正确的判断。②量的观点。在物理学中通常需要运用数学的研究方法来分析简化问题，需要进行定量分析，尽可能在数量的关系中把握物理意义，挖掘其内涵和开拓其外延，从而更深刻地认识其本质规律。③统计的观点。物理学界普遍认为物质的宏观特点是大量微观粒子行为的集体表现，宏观物理量是相应微观物理量的统计平均值。在物理学中研究物质客观现象的本质时，根据物质结构建立在宏观量与微观量之间这一关系，一般采用统计方法分析和解决问题。④守恒、对称的观点。物理学界认为，自然界运动及其转化的守恒性具有两个不可分割的含义，首先自然界中各种物质运动形式的转化，在质上是守恒的;另一方面，改变空间地点、方向或改变时间，物理规律不变，而把物理规律做“平面镜上成像”式的空间反演或者“时光倒流”式的时间反演，有些规律不变，有些规律发生了变化，前者称为“对称”，后者称为“破缺”（即不对称）。研究表明，每一种时间变换的对称性都对应一条守恒定律。当物理理论同实验发生冲突或物理理论内部出现悖论时，往往会发生一些对称性的破坏，即破缺，这时会从更高的层次上建立更加普遍的对称性。

---

①　王较过．物理教学论[M]．西安：陕西师范大学出版社，2003．

2.教学内容的科学性

教学内容既包括客观存在的教材，也包括师生在课堂上进行双向交流的内容。

首先，教材所呈现的知识体系展现了严谨的科学性，其中的物理概念和规律都是基于广泛认可的科学事实而阐述的。这些概念和规律是通过大量实验和观察验证的，具有实证基础。此外，教材在推导物理定理和结论时，严格遵循了逻辑推理的原则。具体来讲，教材的科学性主要表现在以下方面：①物理教材要详细地介绍学生在不同学习阶段应该了解和掌握的基本概念和规律，以及物理学的基本观点和思想，还应该培养学生掌握基本的物理实验技能。通过清晰有序的讲解，帮助学生建立对物理学的整体认知，深入理解物理学的核心内容。②教材应该简要地介绍物理学的发展历程，让学生意识到物理学对经济、社会发展的重要影响，以及物理学与其他学科之间的紧密联系。这样能够激发学生对物理学的兴趣和好奇心，提高他们对物理学研究的价值和意义的认识。③在教材的内容选择和知识结构的编排上，需要遵循学生智力发展和心理认知规律。教材的内容应该逐步递增难度，合理安排，符合学生的认知发展规律。同时，教师也需要根据学生的实际情况和学科特点，灵活选择教材知识，以满足学生的学习需求。

总的来讲，教材具有科学性，如在初中要“改变学科本位”，有意淡化物理学科知识体系的特有逻辑结构;而在普通高中的物理教学内容中这种“淡化”应当减弱；到了大学阶段，为能科学地给物理专业的学生提供完整的物理知识结构体系，则应强调教学内容的逻辑结构。这是因为当教材的逻辑与学生的心理逻辑一致时，学生就会对这种“心理化的教材”产生浓厚的兴趣，从而积极主动地学习。

其次，师生在课堂上进行双向交流的科学性，包括两条：其一是表述的物理知识内容要准确无误；其二是阐述物理规律时要具备严密的逻辑思维，要对每一个物理现象、物理概念、规律都能正确地解释，并能准确地运用物理术语或图示表达出来。

3.教学方法的科学性

大学物理教学不仅要注重对学生的启发教育。还要符合学生的认知规律，做到这两点的教学方法才是科学的。高校教师在物理教学过程中所设计的一切是否有利于学生主体发挥能动性，是否能调动学生，是否能启发学生，这很重要。教师在教学中融入启发性的东西，才可能引起学生的注意、思考的兴趣，学生才会主动地领悟、理解、应用。学生要经历科学探究过程，认识科学探究的意义，尝试应用科学探索的方法研究物理问题，验证物理规律。在这个过程中，教师要合理地引导，精心地组织安排，如问题的设计、实验仪器的安排、物理情境的创设等，从而启发学生积极主动地进入“探究式学习”。

凡是符合学生认知规律的教学方法都有存在的价值。就科学性而言，“循序渐进”是不应当被忽视的。大学物理教材的编写是按问题从易到难、从简单到复杂的顺序步步深入的。教师经常地复习巩固，及时发现学生能力方面的不足，使教学连贯进行下去，使学生学习物理从不懂到懂，从懂到熟练掌握，从学会到会学……这就是“循序渐进”。

总之，不论是教师教物理还是学生学物理，只有符合学生认知规律的方法，才是科学的。

（二）大学物理教学的主要特点

大学物理教学的特点，既有一般教学特点，又有物理学本身的特点，是由物理教学目的和物理学习特点共同决定的。具体来说，主要包括以下特点。

1.以观察和实验为基础

观察和实验作为学习手段，特别是作为一种物理学的基本思想或基本观点，其在物理学的形成和发展中起着十分重要的作用。物理学研究中的观察和实验的思想和方法，必然影响和制约着物理教学过程。物理教学必须建立在观察和实验的基础上。在物理教学中，观察和实验是学生获得感性认识的主要来源，它为学生进行物理思维、实现从感性认识到理性认识的飞跃提供了必要的手段，能帮助学生深刻理解物理知识结构是在怎样的基础上建立起来的，使他们在学习物理知识时不至于迷茫。

2.以概念和规律为中心

在大学物理教学中教师必须特别重视物理概念和规律的教学，并使之成为教学的中心。保证学生有效掌握物理学科基本结构，重视和加强物理概念与规律的教学是有效手段。学生理解和掌握物理学科的基本结构，有助于使学生对物理学知识进行全方位的了解，并且有助于学生知识结构的系统化。学习物理概念和规律有利于学生抽象思维的发展，因此，它也有助于训练和培养学生的素质能力。

3.发展学生的情感、态度和价值观

在教学过程中，教师不仅要传授文化和知识，更要培养学生的逻辑思维能力、创新能力，还要注重情感教育、意志力培养和陶冶情操，以促进学生心智全面发展，并推动学生和谐、健康发展。教师需关注全体学生，但每个学生都有其个性，因此教师应注重情感的渗透，了解每个学生在学习和成长过程中遇到的问题，关注学生思想、情感和道德品质的形成过程，并帮助学生树立正确的价值观、人生观和世界观。

4.注重培养学生对社会的责任感

物理学是基础科学中不可或缺的一环，它广泛应用于各个自然科学领域，并在人类发展史上扮演着重要的角色。要帮助学生理解物理学的研究成果为推动科技进步提供了强大的动力，以及其在解决人类面临的各种挑战中发挥着关键作用，并引导学生关注科学技术的发展给社会带来的正面影响，增强学生的社会责任感和历史使命感，尊重科学发展的客观规律，树立正确的价值观。

第二节　大学物理教学的原则与方法

一、大学物理教学的原则

教学原则是为确保有效教学必须遵循的基本准则，这些原则是根据教学目的和教学过程的规律总结而成的，教学原则不仅指导教师如何教学，也指导学生如何学习，并贯穿于整个教学活动之中。遵守这些原则对提高教学质量、优化教学过程、促进学生发展等方面具有重要意义。具体来讲，大学物理课堂教学的基本原则包括以下几方面。

（一）启发与探究统一原则

“启发与探究统一”的原则，指的是在教学过程中要充分激发学生学习的兴趣和主动性，引导他们以积极活泼的方式进行学习，使他们能够通过自主思考和深入探究全面掌握知识，提高分析问题和解决问题的能力。

贯彻启发与探究统一原则的基本要求如下。

第一，把握核心，调动学生的主动性。学生的学习过程是在教师指导下进行的能动认识过程。教学过程中，教师要把握教学的重点、难点和关键点等核心问题，通过讲述、实验、提问等方式，调动学生的积极性，引发学生探究、反思、领悟，突破难点。

第二，设置问题，引导学生积极思考。教学过程是不断地发现问题、分析问题、解决问题的过程。教学中，要善于联系教学内容和学生实际，设置富有启发性的问题，引发学生积极思考。启发式教学，不是简单的“我问你答”，而是以“问题”为纽带，因势利导，引导学生探索和发现物理规律，感悟科学方法，培养学生善于思考、敢于探索的品质。

第三，创设情境，引导学生解决问题。启发式教学，并非只有教师提问这种方式，组织和引导学生观察物理现象、做物理实验、解答物理题也是启发式教学的重要途径。在教学活动过程中，教师要根据学生的具体情况适时加以提示、引导、修正，使学生能按照正确的方法完成任务；要引导学生主动反思活动的过程、方法和结果，掌握良好的学习方法，养成良好的学习习惯。

第四，发扬民主，营造轻松的课堂气氛。营造和谐、轻松、民主的课堂气氛，是启发式教学的重要条件。要建立相互尊重、相互学习、亦师亦友的师生关系；要引导学生勤于思考、勇于发言、敢于质疑，鼓励学生发表自己的见解；要及时指出学生出现的错误，保证课堂的效率。

（二）理论与实际相结合原则

“理论与实际相结合”的原则，指的是在物理教学中以物理基础知识为主线，通过引导学生从理论与实际的联系中实现对物理知识的理解和掌握。同时，还应鼓励他们将所学的知识应用到分析解决实际问题的过程中，从而领悟知识的价值。

贯彻理论与实际相结合原则的基本要求如下。

第一，联系实际实施教学。在课堂教学中，教师要通过展示活动情景、演示实验现象、呈现生活实例、回忆生活体验，引导学生通过具体的物理现象和过程，建立物理模型，总结物理规律，介绍物理规律在工农业生产、日常生活、科学技术中的应用，让学生了解物理理论的形成依据及物理理论对实践的指导作用。

第二，引导学生应用知识。引导学生学以致用，将所学的知识用于解决实际问题，既是使学生理解所学知识的必然要求，也是培养学生分析能力、应用能力的必然要求。为使学生能较好地应用所学的物理知识，要重视讨论、实验、练习等教学环节的作用，让学生动手、动脑解决一些实际问题；要组织学生参加一些参观考察、社会调查、课外实践、科技实验等实践活动，将所学的内容用于实践；要结合教学内容补充一些发明创造、科技前沿等实例，激发学生的探究意识。

第三，培养学生的实践能力。在教学过程中，应以问题解决为导向来设计整个教学过程。首先，应该通过引入实际问题来培养学生的兴趣，并鼓励他们主动提出问题。其次，引导学生对问题进行分析和思考，帮助他们形成初步的解决方案。接下来，需要带领学生深入探讨问题，进一步形成更加完善和精细的解决方案。同时，教师还应通过布置相关的实践任务，让学生在实践中体验物理概念和规律的应用。此外，教师还需要鼓励学生提出自己的问题和见解，帮助他们加深对物理概念和规律的理解。通过这种方式，使学生不仅能够更加深入地理解物理知识，还能够提高自己的思维能力和实践能力。最终，这种以问题解决为导向的教学方式将会帮助学生提高他们的物理素养。

（三）直观与抽象相结合原则

"直观与抽象相结合"的原则，指的是在教学中要充分利用学生的多种感官和已有经验，通过各种形式的感知来理解具体而清晰的表象，然后通过分析与综合等思维过程，抽象出物理概念，理解物理规律。

贯彻直观与抽象相结合原则的基本要求如下。

第一，合理使用直观手段。直观手段分为三类：一是实物直观，如实物、标本、实验等；二是模像直观，如图片、模型、幻灯片、录像带、影视片等；三是多媒体直观，如多媒体课件、动画等。教师在课堂教学中，要根据教学内容和学生年龄特点，合理使用直观手段，使知识具体化、形象化，为学生感知、理解、记忆知识创造条件；要注意直观材料的典型性、科学性、思想性，符合教学要求，使学生能理解事物的清晰表象。

第二，善于引导理性思维。直观手段的运用，要尽量与教师的讲解配合，教师通过提问、引导、解释指导学生进行观察，帮助他们认识事物的主要特征，理解清晰的表象，从展示的现象上认识事物的本质。从感性认识上升到理性认识，必须经过分析、综合、抽象、概括，因此，学生感受直观材料后，教师要引导学生分析和综合，理解抽象性、概括性的物理概念和规律。

第三，重视运用语言。教师生动的讲解、形象的描述、通俗的比喻，也能给学生以感性知识，形成表象和想象，起到直观的作用。

（四）系统性与渐进性相结合原则

"系统性与渐进性相结合"的原则，指的是在教学中既要考虑到学科内容的系统性，又要考虑到学生认识发展的渐进性，从而使学生能够实现对基础知识的系统掌握，习得基本技能，使逻辑思维能力进一步提升。

贯彻系统性与渐进性相结合原则的基本要求如下。

第一，按照教学内容进行系统性教学。物理学科的知识体系具有系统性，每一节课的发展也具有系统性。教学中，教师要注意教材前后的连贯性、新旧知识的衔接，逐步扩展和加深，使学生即将学习的知识成为其已有知识合乎逻辑的发展。

第二，根据认知规律进行渐进性教学。学生的认知过程是从已知到未知、从简单到复杂逐步深化的过程。教学中，教师要由浅到深、由易到难、由近到远、由简到繁，引导学生扎扎实实、循序渐进地接受、理解、掌握知识和技能。物理教学，尤其要注意知识的“发现”过程，注重学生获得知识的过程。

第三，根据课堂实际灵活地进行教学。课堂教学情况复杂，充满变数，教师要将系统性、连续性与灵活性、多变性结合起来，根据课堂的实际情况适当调整教学的内容和教学的进度，要有计划、有目的地设置问题、布置作业，使学生循序渐进地掌握系统的知识，逐步提升学生的物理学科素养。

（五）巩固与发展相结合原则

“巩固与发展相结合”的原则，指的是在教学中应兼顾知识巩固与能力发展。这要求教师既要帮助学生建立稳固的知识基础，也要促进他们在认知、技能和情感等各个层面上不断发展。

贯彻巩固与发展相结合原则的基本要求如下。

第一，教好新知，引导学生理解知识。理解知识是巩固知识的基础。物理教学要层次清楚，重点突出，深入浅出，形象生动；要重视实验探究和理论推导，注重知识的逻辑性和条理性，注重知识的获取过程；引导学生把握知识的逻辑结构，形成知识网络体系，形成物理观念。

第二，重视复习，引导学生巩固知识。复习是巩固知识的重要手段。教师要科学地组织和督促学生复习，如教学前复习、教学中复习、阶段性复习、学期末复习，使学生的知识不断强化；教师要科学布置作业，使学生通过反复思考、反复练习，熟练运用知识和技能；教师要及时检查和测试，纠正学生的错误，使其加深理解；要使学生养成自行评估、自行检查的习惯，使学生具有对学习过程进行反思的意识和能力。

第三，着眼发展，让学生提升能力。在教学活动中，教师可以通过不同的方式来培养学生的能力。例如，在观察物理现象的过程中，教师可以引导学生观察现象并分析现象背后的原因，从而培养学生的观察能力。此外，在进行物理实验的过程中，教师可以让学生自己动手操作实验器材并记录实验结果，从而培养学生的操作能力。另外，在分析感性材料的过程中，教师可以引导学生深入思考材料中的问题并分析解决方案，从而培养学生的思维能力。最后，在解答物理问题的过程中，教师可以引导学生运用所学知识进行计算和推理，从而培养学生的运算能力。为了更好地提升学生的学习能力，教师可以根据学生的发展水平适当提升教学的难度或布置较难的课外任务。这样可以培养学生的探究意识和钻研精神，并提升其学习能力。同时，教师还可以结合科技发展与技术应用，让学生了解科学、技术、社会与环境之间的关系。这样可以提升学生的想象能力、运用知识的能力，激发其求知欲望和学习动力，推动其社会责任感不断增强。

（六）趣味性与全面性原则

1.趣味性原则

物理教学中的趣味性原则指的是教师在教学过程中，要充分考虑学生的心理特点和认知水平，通过有趣的实验设计来激发学生的兴趣。

物理教科书中有许多成比例、有组织、呈对称、简单、和谐与统一的内容，其被表现在理论体系、科学概念、数学方程的结构和系统中，表现在逻辑结构的合理匀称和丰富多彩的相互联系里，表现在若干观察与实验上，要求高校物理教师在教学过程中正确地引导，恰当地呈现物理学所蕴含的趣味性，从而激发学生学习和探索的兴趣。

物理学中蕴含一种“科学的美”，正确地引导有助于学生悟出这种“科学美”，从而获得一种美的享受。把趣味性归还给学习过程是要做到教学过程中美感的互通。教师要怀美而教，学生要求美而学，这就要求教师努力挖掘大学物理教材中各种美的因素、各种充满趣味性的内容，适时地激发学生求知的欲望和创造的热情。

教师上课时对学生的热爱、理解和期待表现在精心设计的教学程序、巧妙构思的设问及演示、规范的操作、工整的板书与和善的态度等方面，力求激励和感动学生。学生在学习中既专注又主动，通过积极认真的钻研，进一步感悟学物理的乐趣，从而支持教师。

2.全面性原则

物理教学中，全面性原则指的是师生在认识和做法上要考虑周全。

（1）知识、能力和科学素养的全面提高

物理知识的教学是大学物理教学的主要内容和形式，学生的各种能力与科学素养的发展要渗透其中。学生通过演示和各种类型的实验教学，培养自身的观察、实验能力；通过理解物理概念、掌握物理规律的过程，培养自身的各种思维能力；通过物理教材内容中存在的辩证唯物的思想、各种科学美的因素、各种严谨求实的事例，陶冶自身的高尚情操与品德，而相当多的渗透可使学生感知方法并获得各种能力，进一步提高对科学知识以及科学研究过程的理解。另外，增加学生对科学、技术和社会三者相互影响的理解，也能进一步提高他们自身的科学素养。因此，知识的学习、能力的培养、科学素养的提高，是需要在物理教学中统一起来的。在物理教学过程中，无论是教还是学，都要把知识、能力和科学素养三者统一起来。

（2）统一要求，因材施教

在课堂教学中教师根据课程目标和教学内容对学生提出基本要求，还要根据学生的实际水平和个性特点有的放矢地进行教学，使每个学生获得发展。因材施教主要体现在两个方面：一是教学深度和难度符合学生的知识水平和接受能力，二是教学方法和策略适合学生。

贯彻统一要求与因材施教相结合原则的基本要求如下。

第一，依据教学计划，完成教学任务。课堂教学是有计划、有目的的师生活动。在教学中，教师要依据教学计划，有步骤、有措施地完成教学任务，保证让每个学生达到基本的要求。因此，教师要根据教学内容和学生实际认真备课，设置好课堂中的各种活动，突出重点，突破难点，实现课堂教学的基本目标。

第二，根据学生实际，实施课堂教学。了解全班学生的知识水平、接受能力、学习态度，从大多数学生的实际出发，正确处理好难与易、快与慢、多与少的关系，使教学的深度和难度符合大多数学生的知识水平和发展水平。

第三，重视个体差异，提出不同要求。教师要了解每个学生的具体特点，如认知能力、知识水平、兴趣爱好、学习态度、性格特征等，正确对待个体差异，善于发现和培养具有特殊才能的学生，积极引导和鼓励存在各种“不足”的学生。针对不同的学生，提出不同的要求，给予不同的指导，使每个学生获得发展。

二、大学物理教学的方法

教学方法是指为了实现教学目的和任务而采用的各种手段和方式，包括教师教的方法和学生学的方法，是教师引导学生掌握知识技能、促进学生身心发展的有效手段。

教学方法在教育教学中具有举足轻重的地位。在确定教学内容和教学目标之后，教学方法的选择与设计便显得尤为重要。针对特定的教学内容和目标，教师需要选择恰当的教学方法，以便更好地引导学生学习。教学方法的选择与运用需要考虑到学生的年龄特征、认知水平、学习风格以及教师自身的性格特点等因素。不同的学生和教师有着不同的特点，因此教学方法的选择应当具有针对性。在实践中，教师需要根据实际情况，灵活运用各种教学方法，并尝试创造出自己的教学方法。

（一）物理课堂教学方法

物理课堂教学主要包括三个教学环节，即引入、展开与总结，在这些环节中还需要教师的合理指导和监控，这意味着需要采用合理的物理课堂教学方法。具体来讲，可以从以下三个环节进行说明。

1.课堂引入

课堂引入是指在正式讲课之前教师运用一定的方式方法将学生的注意力引导到接下来要讲的内容上。成功的课堂引入能集中学生的注意力，引起学生的学习兴趣，达到承上启下、开宗明义的目的，把学生带入物理情境，调动学生的积极性，为学生完成教学任务创造条件。成功的选材是课堂的成功引入的关键。所选的材料要紧扣课题，且是学生熟悉的、与实际生活贴近、和接下来要讲的知识紧密联系。成功的课堂不仅要引起学生的注意力，还要引导学生积极地思考和探索，为教师成功地讲授接下来的课程做好准备。

在实际教学中，大学物理教师常采用以下方法。

①直接引入法。直接引入法是指直接道出本节课的课题。该法操作简单，但效果一般不是很好。因为学生对新课内容是陌生的，这种方法既联系不了学生之前所学的概念，又引不起知识的迁移，更激不起学习的兴趣。

②资料导入法。资料导入法是指教师依照教学内容运用各种资料（如物理学史料、科学家轶事、故事等），通过巧妙地选择和编排，将其引入新课。教师用生动的故事将学生的无意注意转化为有意注意，让学生的思维顺着故事情节进入学习物理的轨道。

③问题引入法。问题引入法是指教师针对所要讲的内容结合生活实际或已有的物理知识，设计一些能引起学生兴趣的问题，引入新课。

④实验引入法。实验引入法是指通过教师演示实验，学生边学边实验来展现物理现象的形成，引入新课。它使抽象的知识被物化和活化，而且创造的情境可以让学生由惊奇、沉思到急于进一步揭露实质，从而达到引入新课的目的。

⑤复习引入法。即通过对已学知识的复习，引导学生进入新课的学习。通过复习，找出新、旧知识的关联点，然后提出新课题，让学生的思维向更

深的层次展开，这叫温故知新，它能降低学生接受新知识的难度。

此外，还可采用类比引入法、猜想引入法等。在倡导探究式学习的今天，在“引入”阶段与“展开”阶段之间，学生对提出的问题进行尝试性的判断或解答，即“猜想与假设”。有经验的物理教师常常利用学生积极提出的“猜想和假设”，很自然地过渡到课堂教学的展开。

2.课堂展开

物理课堂教学需要以解决问题为核心，教师通过具体材料和实例，引导学生进入物理学习情境。当教师充满热情地将问题呈现给学生时，学生会产生强烈的求知欲，渴望了解问题背后的原理和知识。这种学习氛围可以活跃课堂气氛，使教学更具活力和实效性。在分析问题、解决问题的过程中，物理教师要充分考虑学生的认知能力和学习背景，将问题逐步展开，引导学生逐步、深入地理解物理理论体系。教师可以通过多种方式展开教学，如演示实验、案例分析、小组讨论等，帮助学生更好地理解和掌握物理知识。

具体来讲，对物理问题的展开有实验展开和逻辑展开两种方式。第一种是实验展开，即问题—实验—观察—原理—运用，突出以实验为主要手段，创设与物理问题对应的物理情境。第二种是逻辑展开，即问题—结构—原理—结构—运用，突出逻辑结构的分析，由物理问题引向知识的建构。凡是能用实验展开的物理问题，都应尽可能采用实验展开，让学生通过对物理知识的物化和活化，获得感知。但诸如速度概念、能的概念的教学，难以进行物化或活化，采用逻辑方式展开更为有效。

在针对物理问题展开的过程中，常用的方式有说明、论证和反驳。

①说明。把物理事物的性质、功能、关系、种类等试图解释清楚的表达方式是说明。对于一些用实验或逻辑方式得到的概念，不是用一句简短的话就能定义的，这时就需要释义；对于一些十分抽象的概念，为使学生头脑中形成具体、鲜明、深刻的印象，要举例说明；在叙述物理现象、事实和原理时，为求形象、直观、生动、活泼，可加入一些合理的修饰成分，这就是描述；为使深奥的道理浅显易懂，可利用贴切的比喻；为揭示易混概念之间的本质差异，以帮助学生建立起清晰、准确的概念，可运用比较、释义、举例、描述、比喻等方法，这些都是物理教师在课堂教学展开时常用的说明方式。

②论证。论证是指从一些判断的真实性，进而推断出另一些判断的真实性的语言表达过程。例如，有些物理规律需运用演绎方法从已知的原理、定律推出；为了给抽象的物理事实提供比较形象、直观的模型，从而实现知识

的迁移，常使用类比推理。归纳、演绎、类比等方法都是高校物理教师在课堂教学展开时常用的论证方式。

③反驳。确定某个论题虚假性的论证即为反驳。例如，学习“牛顿第一定律”时就要反驳古希腊思想家亚里士多德的错误观点。教师讲评试卷和练习结果时，也常常需要反驳各种错误的答案。为了使反驳有说服力，要求立论明确，论据真实、充足，正确运用推理形式。

可见，要想完成课堂教学的展开，必须掌握一些逻辑思维方法。高校物理教师的课堂展开应当尽可能地发挥学生的主体作用。例如，以实验方式展开时，教师首先引导学生设计出能够研究所提出的物理问题的实验，学生根据自己的设计做实验，然后归纳得出结论；而以逻辑方式展开时，教师则以问题开头，引发学生积极参与思考，以问题穿针引线，推动学生思维深化，最后形成新的物理认知结构。这样的展开就能让学生积极参与学习的过程，从而使其在观察实验、思维判断方面都能有所发展。

3.课堂总结

对物理课堂中的每一个问题讨论的结果进行总结是非常重要的。一方面，总结可以帮助学生将零散的知识点有机地组织起来，形成有条理、系统的知识框架，以便更好地理解和记忆。另一方面，总结还可以适当地将知识引申拓宽，引导学生深入思考和探讨物理现象背后的问题。通过总结，学生可以了解到更多相关的物理知识，拓宽视野，激发学生继续学习的积极性和兴趣。常见的物理课堂总结有首尾照应式、系统归纳式、针对练习式和比较记忆式四种形式。

第一，首尾照应式。对照新编的大学物理教科书，可以通过情景创设问题或利用书中一开头就提出的问题，以设置悬念的方式引入新课。而在该节课的结尾时，教师可以引导学生应用所学到的知识，分析解决教师在上课时提出的问题，消除悬念。这样做，既总结、巩固和应用了本节课所学到的知识，又照应了开头。

第二，系统归纳式。系统归纳式是指在课堂活动结尾时，利用简洁准确的语言、文字或图表，将一节课所学的主要内容、知识结构进行总结归纳。这样可以准确地抓住知识的内涵和外延，体现纵横关系，有助于学生掌握知识的重点及知识的系统性，有利于学生记忆和利用知识。这种总结方式对学生来讲比较容易掌握，在实际的物理教学中用得较多。但从形式上看这种形式有些死板，只有在针对知识密集的课题时，才能较好地体现出它的优越性。

第三，针对练习式。针对当堂所需巩固、强调的新知识，布置精选练习题，让学生在课堂上求解，这就是针对练习式。

第四，比较记忆式。比较是认识事物的重要方法，也是进行识记的有效方法。它可以帮助学生准确地辨别记忆对象，抓住其不同特征进行记忆，也可以帮助学生从事物之间的联系入手，掌握记忆对象，抓住关系进行系统化记忆。比较记忆式是指将本节课讲授的新知识与具有可比性的旧知识加以对比。同中求异，掌握事物的本质特征并加以区别；异中求同，掌握事物的内在联系并加以深化，以此帮助学生加深对所学知识的理解和记忆，拓宽思路，使新旧知识融会贯通，提高学生的知识迁移能力。

4.课堂提问与调控

在物理课堂教学中，课堂提问和课堂调控是两个非常重要的环节。通过提问，教师可以引导学生思考和回答问题，激发学生的学习兴趣和探究动力。而课堂调控则是为了保证教学任务的顺利完成，对学生进行约束性管理，同时转移学生的注意力。一些学生的注意力容易分散，他们在时间较长、内容单一的活动中容易感到疲劳和厌倦，且难以通过意志力来约束自己，学生这种自我控制能力的不足使得物理教师的课堂管理调控能力变得尤为重要。恰当地运用提问不仅可以训练学生的思维能力，诊断他们在学习上遇到的障碍，还可以转移他们的注意力，从而更加有效地实现课堂教学的管理和调控。

在课堂管理和调控中，首先需要仔细设计问题，力求提出的问题能够引起学生的兴趣，激发他们的探究欲望。同时，问题的难易程度需要适度，使得学生能够通过回答问题而获得成功的喜悦。此外，问题的意思要清晰明了，避免因选词、选句不当而导致学生产生困惑、误解或猜测。此外，为了更好地进行课堂管理和调控，教师还需要充分了解学生的情况。在设计问题时，应该充分考虑学生可能给出的答案，尤其是错误答案，并准备相应的对策。在课堂中，要根据具体情况把握好提问的时机。在提问时，教师应该面向全班，选择不同水平的学生回答不同难度的问题，充分尊重每一个学生，并特别注重保护学习能力较差的学生回答问题的积极性。在学生回答问题的过程中，教师应该敏锐地捕捉到学生的不准确的表述，及时纠正学生的答案中的错误和思维方式上的问题，引导学生正确回答问题。同时，教师还应该帮助学生，让学生自己进行归纳和总结，形成简明的答案。

只有经过精心设计并切实符合学生心理和认知水平的问题，才可能开启学生的心灵，真正调动起学生的学习积极性。一旦学生的积极主动性被调动起来，那么物理学习的有利条件和良好环境也就形成了。这时，无须严肃的指令，学生就能自觉自愿地学习和思考，这也是最有效的教学管理调控。

（二）物理教师的教法

物理教学既有一般教学的基本特点，也有其特殊性。对于物理学有限的基本教学方法，物理教师可以加以挑选，根据具体教学情况并加以综合运用，从而创造出生动活泼的具体的教学方法。物理教学的基本教学方法有以下几种。

1.讲授法和谈话法

（1）讲授法

讲授法是一种常见的教学方法，是指教师通过口头语言系统地向学生传授科学知识。这种方法充分发挥了教师的主导作用，以连贯和系统的方式将物理知识传授给学生，使他们在较短的时间内获得更多的知识。因此，在新课教学中，讲授法是一种主要的教学方法。

讲授法主要有四种形式，分别是讲述、讲解、讲演和讲读。讲述是通过描述和叙述，向学生展示学习对象和学习材料，并叙述事物的发展和变化过程。讲解是通过解释和推证，对概念、原理、规律和公式进行阐述，使学生能够理解和掌握这些知识。讲演是通过分析和推理总结和阐述物理知识，将知识进行归纳和概括。讲读是把讲与读结合起来，边读边讲，通过朗读和解释来帮助学生理解和记忆知识。

运用讲授法的基本要求如下。

第一，具有科学性和思想性。讲解的内容要符合科学原理，用词要正确，表达要确切，要遵循社会主义核心价值观。例如，讲“电阻”时，要讲“物体或导体的电阻”，不要说成“物质或材料的电阻”；讲“电阻率”时，要讲“物质或材料的电阻率”，不要说成“物体或导体的电阻率”。

第二，具有系统性和条理性。讲解要有条理，顺序合理，层次分明，重点突出。因此，要把具体内容放在学科知识结构中加以衡量，从整体上把握它的占位；要注意从已知到未知，推理严谨，条理清楚；要注意重点、难点和关键点，从不同的侧面阐述重点知识，用不同的途径突破难点。

第三，具有启发性和简明性。讲解时，“心中有学生”，关注学生的学习情绪，经常提问题，激发学生的思维活动，引导学生掌握思维方法；语言要清晰、简练、准确、生动，注意语速适当，语法规范；辅助手势动作，结合板书呈现。

（2）谈话法

谈话法是一种有效的教学方法，其主要是通过师生问答和对话的形式引导学生思考和探究，以帮助他们获取和巩固知识。这种方法能够充分激发学生的独立思考和思维活动，使课堂气氛活跃，同时使学生通过自主探索来“发现”规律，应用规律解决问题。

谈话法可以分为两种形式，即复习谈话和启发谈话。复习谈话是教师根据已经学过的内容向学生提出问题，通过师生问答的方式帮助学生回顾、深化和系统化已有的知识。通过复习谈话，学生能够巩固之前学过的知识，加深对知识的理解。而启发谈话则是教师向学生提出尚未解决的问题，通过对问题的讨论和分析，引导学生自主获取物理知识。在启发谈话中，教师起到了引导和促进的作用，通过启发学生的思考，帮助他们发现问题的规律和解决问题的方法。这样，学生能够在自主探索中深入理解知识，培养解决问题的能力和思维方式。

运用谈话法的基本要求如下。

第一，主题明确，问题清晰。教师设置问题要有计划，有目的，围绕主题，从一个问题过渡到另一个问题。教师提出的问题要清晰、具体，不含糊。例如，求变速运动的速度时，要明确是哪个时刻的速度或哪个位置的速度，或哪段时间内的平均速度。

第二，激发兴趣，引发思考。谈话法教学的效果很大程度上取决于所提问题的“质量”。教师所提问题要能集中学生的注意力，有思考的价值，有挑战性。过于简单的提问，表面上可使课堂热热闹闹，实则不能激发学生的思考，无益于发展学生的能力。问题提出后，教师要预留充足的时间让学生思考，让学生辨析。

第三，面向全体，因材施教。课堂提问要面向全体学生，要引发全体学生思考。对于较难的问题，要尽量避免“齐声答”，要提醒学生认真倾听其他同学回答。教师课堂提问要考虑将统一要求与因材施教相结合，对成绩好的学生要提难度较大的问题，对成绩差的学生可提难度较小的问题，要避免仅与个别成绩好的学生的“表演”式谈话，要及时鼓励回答好的学生，激励学生的质疑式提问，纠正不正确或不准确的回答。

2.调查法和实验法

（1）调查法

调查法是指通过收集实物、观察、描述、列表等方法，获得对事实的科学认识。该方法常用于研究物理学中的一些现象或问题，可以帮助教师和学生了解实际情况，发现问题，揭示规律，为采取有效的教学措施提供依据。

大学生已具有一定的社会活动能力，教师可以让他们就与物理学科内容相关的问题到工矿企业、科研机构、展览馆、商店、社区等地方去参观、访问，并就一些能够使学生在物理知识与技能、过程与方法、情感态度与价值观这几个方面获益的问题或现象展开调查。

在学生调查前，教师要指导学生制订调查计划，在调查对象、内容结果处理等方面形成可操作的具体计划；在实施调查的过程中，教师要帮助学生形成调查报告；教师在审阅调查报告的基础上，要对学生在调查中所表现出的思维方法和能力进行评定和总结，帮助学生将调查中的感性认识上升到理性认识，最终理解和掌握物理学知识，增强学生的社会意识和社会责任感。

（2）实验法

实验法是学生在教师指导下，运用实验器材进行独立操作，观察物理现象、探究或验证物理规律、测量未知物理量，以获取知识、培养能力的教学方法。实验法能使学生在一定的条件下观察到物理变化的过程，有助于学生将理论联系实际，掌握实验操作方法，可培养学生的探究能力、实验能力、创造能力和求实精神。

物理实验可分为观察性实验、探究性实验、验证性实验、测量性实验。观察性实验是指观察物理现象，练习实验仪器的使用方法。探究性实验是指探究物理规律，为新知识的教学奠定基础。验证性实验是指验证已学过的物理规律，加深对物理规律的理解。测量性实验是指利用已学过的物理知识测量未知的物理量，加强对物理规律的理解和应用。

运用实验法的基本要求如下。

第一，做好实验准备。教师在上课前要制订好计划，准备好器材，分配好小组；让学生阅读教材，做好实验准备。学生实验一般是1~2人为一组，如果器材不足，可多人为一组，轮换进行实验。

第二，明确实验方法。学生在动手操作前，教师要做适当讲解，让学生明确实验目的，懂得实验原理，清楚实验步骤，设计记录表格，知道数据处理方法，了解注意事项。教师要提醒学生注意安全和爱护仪器，提醒学生规范操作，尊重实验事实，并让学生学会分析和处理实验过程中出现的问题或故障。

第三，适时指导实验。学生实验过程中，教师要在各实验小组间巡视、检查，一旦发现问题要及时指导，当学生遇到困难时要及时予以提示或帮助，使每个学生都能积极参与实验，并按时完成实验。针对普遍性的问题，教师可让学生暂停实验，做进一步讨论和说明，再让学生继续实验。

第四，重视实验总结。实验结束后，教师要对学生的实验做简要的小结，指出做得好的实验和做得不够好的实验，指出实验中存在的问题。教师要提醒学生整理好实验器材，清理好实验中产生的杂物，规范书写实验报告。

3.演示法和讨论法

（1）演示法

演示法是教师通过展示实物、教具，播放音像影片、课件，或者进行演示实验等方式，将抽象的物理概念和规律以直观、形象的方式呈现给学生的教学方法。演示法可以让学生通过观察实物或实验现象，直观地感知物理现象、规律和理论，将抽象的物理概念转化为具体的实际情境，帮助学生更好地理解和掌握物理知识。通过教师的演示，学生可以获得感性的教育材料，加深对学习对象的印象，使学习过程更加生动和有趣。此外，演示法还能将理论知识与实际联系起来。教师通过展示和演示，将抽象的物理概念与学生平时所接触到的实际生活、自然现象相联系，帮助学生建立物理模型，形成对物理世界的认知和理解。与此同时，演示法还能有效地集中学生的注意力。通过精心准备和巧妙安排物理演示实验或展示，教师能够吸引学生的注意力，引发学生的好奇心和求知欲，使学生更加专注于学习内容，提高学习的效果和学习的深度。

演示可分为实物和模型演示、图表和照片演示、影片和动画演示、实验演示。随着教学手段的现代化，演示的作用越来越明显。教师要根据教学内容，自制教具和课件，突破时间、空间、宏观、微观、动态的限制，实现动与静、快与慢、大与小、虚与实、繁与简、隐与显之间的互相转换。

运用演示法的基本要求如下。

第一，演示现象明显。“现象明显”是演示法教学取得成效的保证。教师要使演示的对象有足够的尺寸并呈现在恰当位置，使全体学生都能看到或听到，对某些现象不明显的对象可采用放大、添色等方式使学生感受到演示现象；尽可能让学生观察到演示对象的变化、发展过程，让学生获得完整而又深刻的印象。

第二，关注主要特征。演示前，教师要对演示器材和即将发生的现象加以必要的说明，告诉学生要观察什么，要注意什么，把学生的注意力引导到观察演示对象的主要特征和主要方面上来，避免把学生的注意力分散到一些细枝末节上去。

第三，讲究演示方法。把握演示时机，讲究演示方法。如果教师过早地拿出演示教具，或演示完不及时收好教具，都会分散学生的注意力；教师在演示过程中要适当提示、指点，引导学生边看边想，获得明确的结论。

（2）讨论法

讨论法是学生在教师的指导下为解决某个问题而进行探讨、辨析，以明辨是非、获得知识、提升能力的教学方法。教学中，对一些重要而又容易混淆的概念、规律、现象进行讨论，可以使学生真正理解相关的物理知识，提高学生的思辨能力，增强探究意识与合作意识。讨论法可以是整节课的讨论，也可以是几分钟的短暂讨论，前者通常是围绕某一个主题或几个相关的问题进行的讨论，后者则是对某一个具体的问题进行的讨论。从讨论的形式上看，可以是小组讨论或全班讨论，也可以是小组讨论与全班讨论交替进行的讨论。

运用讨论法的基本要求如下。

第一，选好讨论问题。讨论的问题，首先应对学生具有吸引力，能激发学生的兴趣；其次是有讨论的价值，用于讨论的问题通常是难度较大而又非常重要的问题，或者是学生容易出错的问题。通过讨论学生能加深对物理概念或规律的理解。例如，"动量与动能有什么不同""光的干涉与衍射在本质上是否相同""电流是矢量还是标量"，都是值得学生讨论的问题。

第二，做好讨论指导。学生讨论过程中，教师要鼓励学生积极思考，勇于发表个人看法或代表小组发表意见；要把大家的注意力集中到讨论的问题上，引导学生的思维向纵深方向发展，使问题逐渐得到深化并最终解决；要保护学生的积极性，不要随意打断或否定学生的发言（即使在发言中出现了错误）。

第三，做好讨论总结。学生讨论结束后，教师要总结讨论情况，使学生获得正确的物理结论；肯定学生讨论中好的方面，指出不好的方面和应注意的问题；允许学生保留个人的质疑，课后进一步讨论。

4.扮演法和探究法

（1）扮演法

角色扮演法是一种让学生通过亲身体验特定角色来感受和思考的教学方法。通过让学生扮演某个角色，他们可以在真实环境中体验相关情境，并根据自己的思维和观念进行抉择和判断。这样可以使学生的个体行为表现和价值观得以外显，进而帮助他们形成正确的科学态度和价值观。

角色扮演法可以给学生提供真实的环境，让他们能够身临其境地感受到相关问题和挑战。例如，在学习有关电学的知识后，可以让学生扮演家庭中的电力工程师，考察自己家中的用电情况，思考节约用电和合理用电的方法。通过亲身经历，学生可以更加深入地理解电能的重要性，意识到节约用电对环境和资源的保护。他们还可以通过思考和讨论，形成自己的节能意识和行为准则，将所学的电学知识应用到实际生活中。通过角色扮演法，学生可以站在特定角色的立场上，比较自己的行为态度和价值观与教师所赋予的行为态度和价值观。这种比较和对比能够激发学生的思考和自我反思，帮助他们认识到不同行为选择所导致的不同结果，并对自己的行为进行调整和优化。同时，角色扮演法还能够培养学生的合作和沟通能力，因为在扮演角色的过程中，学生需要相互交流和合作，共同解决问题。

角色扮演的目的是将物理学的问题转化为与学生生活实际紧密联系的内容。使学生在参与社会决策中，能自觉运用所学的物理知识去分析、判断，从而在扮演、体验和决策的过程中提高自己运用物理知识的能力，同时在科学态度与价值观方面也获益。

（2）探究法

探究法是学生在教师指导下通过独立的探索，创造性地解决问题，获得知识、发展能力的教学方法。一般来说，学生要解决的问题都是科学家已解决了的问题，但这些问题对学生来说仍是未知的。在教师不讲解而只提供一定的素材、器材的条件下，解决这些问题需要学生的创造性探究活动。探究法的突出优点，是能使学生把已有的知识和方法用于研究和解决新的问题，在研究和解决问题的过程中进一步巩固知识，感悟探究的方法，提高探究能力。由于探究法的独特优点，在新的课程改革中许多教师（特别是高校教师）高度关注并积极实施这种教学方法。

探究法包括实验探究、理论探究。实验探究是用实验方法研究物理规律，例如，探究牛顿第二定律，探究平抛运动的规律。理论探究是用逻辑推理的方法研究物理规律，例如，探究弹簧的弹性势能与弹簧伸长量之间的关系，探究光的双缝干涉现象中条纹间距的规律。

运用探究法的基本要求如下。

第一，选择合适的探究课题。用于探究的课题，要有一定的难度和研究价值，要符合学生的实际。一般来说，低年级学生或基础较差的班级所探究的课题应当较简单、单一，高年级学生或基础较好的班级可以探究较难和较复杂的课题。

第二，提供必要的探究条件。实验探究前教师需提供必要的器材、工具，理论探究前需提供相关的图书文献或参考资料；需使学生明确探究的目的，知道探究的思路。

第三，循序渐进，因材施教。探究法教学的实施必须循序渐进，一般要从半独立探究逐渐过渡到独立探究，从简单问题的探究逐渐过渡到复杂问题的探究，从局部探究逐渐过渡到整体探究。

第四，独立探究，恰当指导。探究法教学的最显著特点是学生独立探究，充分发挥学生的主观能动性，教师必须根据学生在探究过程中遇到的问题进行及时、恰当的指导，让每个学生都投入探究之中，得到锻炼。

5.练习法和读书指导法

（1）练习法

练习法是学生在教师指导下通过完成特定的任务，以巩固知识、形成技能、熟练技巧的教学方法。练习法能使学生更加深刻地理解物理概念、掌握物理规律、熟悉物理方法，把知识变成技能，促使学生把所学的知识用于解决实际问题，培养学生严谨认真、克服困难的良好品格。

练习法包括解题练习、制作练习、创新练习。解题练习是设计、分析、解答物理题目，是物理课堂教学最常见的练习方式。制作练习是制作物理模型、实验仪器等“小制作”。创新练习是撰写“小论文”，设计或制作生产、生活中具有一定价值的器件、设备等“小发明”。上述“三小活动”能有效培养学生的创新意识和创造能力，是培养拔尖创新型人才的重要措施，应引起教师的高度重视。

运用练习法的基本要求如下。

第一，明确基础知识。明确练习所需的有关基础知识是完成练习的必要条件。练习前，教师要使学生明确有关物理知识和数学知识，如果要用到尚未学习过的知识，则必须在题目中说明或以“材料”的形式呈现，让学生“即学即用”。

第二，掌握正确方法。这里所说的方法，一是指教师对学生练习的安排，要有计划、有步骤，循序渐进，先易后难，先简后繁；注意练习的多样化，注意练习的难易控制和时间分配。二是指学生掌握练习的方法，教师先要通过讲解、示范、评析等途径使学生理解练习的方法，再通过具体的实例让学生自己练习，让学生感悟解决问题的方法。

第三，重视练习后反思。练习后教师要引导学生自我检查、自我反思，总结解决问题的基本思路和基本方法，查找解题的关键点、易错点，思考多种解题方法，尽量做到“一题多解、一题多变”，提升学生发散性思维和创造性思维的能力。

（2）读书指导法

读书指导法是教师指导学生通过阅读教科书和其他有关书籍而获取知识并发展的教学方法。此法有利于培养学生的自学能力和习惯，有利于教师从学生的实际出发，个别指导和因材施教。但这种教学方法也具有一定的局限性，它适于难度较小的章节或段落，有利于学生学习叙述性和推证性的知识内容，不利于培养学生的观察、想象、操作等能力，限制了师生的情感交流与认知上的及时反馈。

6.资料搜集与专题讨论法

在信息社会中，获取教学资源的方式变得更加多样和便捷。除了可以在图书馆查找资料外，学生还可以通过网络搜索获取与物理学科相关的各种信息资料。教师在这一过程中扮演着引导和启发的角色，引导学生学会正确查找所需资料的方法和途径，包括期刊论文、专利和技术标准资料的查询方法。除了引导学生查找文献外，教师还要担当答疑解惑的角色，需要及时解答学生的疑问，并敏锐地预见学生可能会遇到的问题，引导他们提出解决方案。教师还需要引导学生整理并加工文献，形成具有目录、文摘和索引的合集。同时，教师也要让学生了解二次文献和三次文献的区别以及查找方法。

物理课程的新理念包括：从生活引入物理概念，从物理角度解析社会现象；注重跨学科融合，关注科学发展等方面。基于这些理念，教师可以采用专题讨论法进行物理教学[①]。教师在设计专题讨论主题时，首先应涵盖学生尚未学习的内容和相关知识，其次要注重对学生综合能力的培养，可以设计物理学与其他学科融合的专题，也可以选择其他与物理知识相关且能引起学生兴趣的专题。

在教学中，教师要引导学生进行资料搜集，然后进行专题讨论。首先学生可以结合所学内容设置专题，然后独立阅读文献资料，并在结合原有知识的基础上对所获得的信息进行筛选、加工和处理。接下来进行学生小组讨论，教师要求每位学生对专题提出观点，并进行交流，这样不仅促进了对学生思维能力的培养，也能使学生更深入地掌握所学知识。最后，学生以小组为单位形成专题研修报告，由教师给出总结和评价。

在倡导发展学生独立探究能力和自主学习能力的背景下，资料搜集与专题讨论法被许多高校物理教师采用。这种教学方法的优势在于培养了学生的

---

① 闵琦．大学物理[M]．北京：机械工业出版社，2020．

知识获取和独立思考的能力。学生通过查阅资料，加深对知识点的理解，并形成对物理学知识与社会之间的联系的深刻理解。因此，这种教学方法值得深入研究和推广。

（三）学生的学法

好的学习方法会极大地提高学习质量。学生掌握物理知识与技能，完成物理学习任务的心理能动过程，就是学生的学法，其具有很强的实践性和功效性。好的学习方法要经过学生的反复实践，并在良师指导下逐步完善。

1.善于阅读与思考

具备良好的思考和阅读能力是学习任何学科知识都必不可少的素质。物理学作为一门独特的学科，其学习过程同样需要阅读教材和相关资料。然而，教材和相关资料上的文字和符号通常只能传达一维空间性质的信息，图示和照片往往也只能呈现二维空间（或时空）的信息。然而，现实世界中的物理研究对象通常是四维的，即三维空间和一维时间紧密相连，而且在四维时空中不断地发展和变化。物理科学的这种特殊性对物理学习者提出了新的要求。学习者在阅读时要按照文图叙述的逻辑顺序实现上述转换的逆转换，即将低维信息在头脑中还原成原本存在的高维信息。然而，不是所有的物理知识都能通过上述行为来活化和物化，一些抽象的物理概念及规律，需要学习者也经历同样的思维过程才能领悟其中丰富的内涵。因此，阅读与思考在物理学习过程中具有非常重要的意义。

物理学习中出类拔萃的学生在阅读时能够比较全面地领会教材中的内容。一些学生除了阅读教材的内容，还喜欢读物理方面的课外书。经常阅读的习惯帮助学生分辨从什么地方能快捷、准确地找到自己需要的资料。面对众多类似乃至书名相同的读物，大致有几种阅读的方法：浏览书名、作者、出版者、前言和书中的目录，能大体知道该书研究些什么，采用什么研究方法，是不是自己需要阅读的，然后决定取舍；将通过阅读获得的新知识与原有的旧知识进行比较，弄清新旧知识之间的关系，以此加深理解；会通过实际应用检查学习效果，必要时还要再次阅读。

2.善于观察和喜欢实验

观察与实验是物理学习与研究中非常重要的方法。物理学的特点就是实践性很强，其知识结构主要体现在对物理现象的观察与实验上，所有物理知识都必须通过观察与实验等实践进行验证后，才能上升为物理理论，但也并非所有的物理现象及其规律都可以通过观察才能探究。由于许多物理现象的发生和变化是受周围环境的影响和制约的，因此如果要探究物理对象的功能和属性，要经过人为控制条件下的实验。通过做实验可以活化和物化研究对象，可以创设问题情境，渗透物理思维和研究方法，培养学生的实践操作能力、分析和观察能力及逻辑思维能力，甚至锻炼其意志品质。

鉴于物理实验的重要性，勤于动手的学生在物理实验操作上更能显得熟练而从容，且能比别人赢得更多的时间来思考：如何确定实验目的，明确操作要求和步骤；如何选择实验原理表述和测量的方法、测量用的仪器设备；如何发现、分析和处理实验中出现的误差；如何应对可能出现的意外情况等。

3.具有合作精神

为了更好地完成知识的建构，学生有必要与他人讨论、协商、合作、竞争，进行多方面的接触，以使自己的认识更加准确、更加全面。在物理学习中出类拔萃的学生，往往表现得特别活跃，能大胆发表自己的看法，认真倾听别人的意见，既坚持原则又尊重他人。当学生在学习上遇到困难时，要乐于交流自己的学习方法，因为在解答同学提出的疑难问题的同时，自己的学习水平也会得到提高。通常情况下，物理成绩优秀的学生更加具备合作精神。

（四）物理教学方法的选择与运用

1.教学方法的选择

随着教学改革的不断深入，产生了许多新的、有效的教学方法。因此，在实际教学时，教师能否正确选择教学方法就成为影响教学质量的关键问题之一。对教学方法的选择是有客观因素影响，不能单凭主观意向来确定。选择教学方法的依据应至少包括以下三个方面。

第一，依据学生的实际情况。教学方法的选择要受到学生的个体心理特征和所具有的基础知识条件的制约。对不同阶段的学生需要采用不同的教学方法。在大学阶段宜更多地采用抽象、独立性较强的教学方法，如讨论法、实验法等。除心理特征上的差别外，学生现有的知识基础也是千差万别的，这对教学方法的选择也有至关重要的影响。

第二，依据教材内容。教师应依据具体教材内容的教学要求采用与之相匹配的教学方法，因为一门学科的内容是由各方面内容构成的内容体系，在这一体系中，不同的内容又具有不同的内在逻辑和特点，教师可以根据内容的特点选择不同的方法。

第三，依据客观条件。有的学校教学设备充足、实验室宽敞，则可以选用一人一套器材做分组实验的教学方法；有的学校设备不足，只能采用几人使用一套仪器的教学方法；有的学校有多媒体设备，并且每个教室都能够上网，则可以实现信息技术与物理教学的整合。如果学校没有多媒体设备，就要采用传统的投影仪教学等手段。

2.教学方法的运用

教师选择了适当的教学方法，还要能够在教学实践中正确地运用。为了正确运用教学方法，提高教学效果，需要注意以下两个方面。

首先，教师要娴熟运用各种基本教学方法。物理教学的方法有很多种，如讲解法、讨论法、谈话法、读书指导法、演示法、实验法、练习法等。这些基本的教学方法都有其自身的特点和适用范围，教师需要熟练掌握这些方法，并根据不同的教学目的、教学内容和学生的特点选择合适的方法。此外，教师还需要不断学习和更新教学方法，以适应不断变化的教学需求。

其次，要善于综合运用教学方法。在教学过程中，学生知识的获得、能力的培养，不可能只依靠一种教学方法，教师必须把各种教学方法合理地结合起来。为了更好地完成教学任务，教师需要善于综合运用各种教学方法，根据不同的教学内容和学生的特点，选择最合适的教学方法的组合。例如，教师可以结合演示法和实验法，通过直观的演示和实际的操作，帮助学生更好地理解和掌握物理概念和规律。

第三节　大学物理教学的内容与评价

一、大学物理教学的内容

在教学活动中，教师的教和学生的学是以一定的教学内容为基础的。具体的教学内容是教师授课的依据，是学生学习的材料和主要信息来源，同时也是检查教学质量的客观标准。

（一）大学物理教学内容简介

教学内容是教师进行教学活动的主要载体。如果要研究教学内容，首先要搞清楚教师怎么教、学生学什么。物理学作为一门不断发展的科学，其教学内容具有专业性和前沿性。具体来讲，教育指导委员会针对大学物理的教学内容提出了以下要求：大学物理课程的教学内容可分为核心内容（A 类）和扩展内容（B 类）。其中，核心内容共 74 条，建议其学时数应大于或等于 126 学时，各校可基于此并以实际教学情况为依据来适当地调整核心内容各部分的学时分配；扩展内容则包括 51 条，具体如下。

①力学（A：7 条，建议学时数≥ 14 学时；B：5 条）。

②振动和波（A：9 条，建议学时数≥ 14 学时；B：4 条）。

③热学（A：10 条，建议学时数 214 学时；B：4 条）。

④电磁学（A：20 条，建议学时数 240 学时；B：8 条）。

⑤光学（A：14 条，建议学时数≥ 18 学时；B：9 条）。

⑥狭义相对论力学基础（A：4 条，建议学时数≥ 6 学时；B：3 条）。

⑦量子物理基础（A：10 条，建议学时数≥ 20 学时；B：4 条）。

⑧分子与固体（B：5 条）。

⑨核物理与粒子物理（B：6 条）。

⑩天体物理与宇宙学（B：3 条）。

此外，还有现代科学与高新技术的物理基础专题，属于自选专题。

课程教学内容只是课堂教学内容的一部分，知识点内蕴含的方法、思想需要教师在设计教学内容时加以补充。课程要求中的教学内容并非真正的“教学内容”，而是教师在教学过程中应该遵循的指导性意见，如重点、难点以及可选性内容等。而教师设计的“教学内容”是教师在课前预设的教学材料以及课堂生成的教学资源的总和，它是指适合学生学习的一切资源。

大学物理教学中，教材仍然是主要的教学工具，无论是教师授课，还是学生学习，都是将教材作为主要依据的。教材是课程内容的载体，其中的内容应同时遵循学科逻辑和学生的心理逻辑。在经过“教学化”处理后，教材内容可以成为教学内容中的重要组成部分，然而，由于教材的更新速度较慢，容量有限，且难以包含一些学科前沿知识，所以，在进行教学内容设计时不能仅依赖教材，而应包括教师的科研成果和网络资源。这一方面是为了实现教学内容的丰富和更新，大学教师应该将自己的科研成果纳入教学内容。另一方面，网络技术的迅速发展也使得教师能获得的教学资源更加丰富。因此，大学物理教学内容的生成应包括三种途径：来自物理教材，来自科学研究，以及来自网络资源。

（二）大学物理教学内容的改革趋势

传统的物理教材在新形势下已经不能满足现代教学的需求，因此教材内容的改革成了物理教学改革的重中之重。近年来，市面上出现了一批优秀的面向 21 世纪的现代化大学物理教材，如北京大学赵凯华教授与中山大学罗蔚茵教授合著的新概念物理教程之《力学》《热学》和《量子物理》，以及清华大学张三慧教授编著的《大学物理学》等。这些新教材在内容的选择、编排上进行了大胆的创新，体现了大学物理教材改革的趋势。

首先，教学内容的现代化是新教材的重要特征之一。物理教学内容现代化主要体现在以下几个方面。首先，近代物理的内容在新教材中占据了更大的比例，这为学生学习现代物理学理论提供了更好的平台。其次，新教材加强了对量子力学和统计物理基础知识的教学，这使得学生能够更好地理解物理学的基本原理，并为后续的学习打下坚实的基础。此外，新教材还注重将物理学知识应用于现代工程技术中，介绍了一些前沿的科技应用，让学生了解到物理学的实际应用价值。新教材不仅注重对经典物理的教学，还以现代的思想观点来重新审视和提炼经典物理的内容。新教材将经典物理与近代物理进行了一定的融合，使得学生能够更好地理解物理学的发展历程和趋势。这种现代化的物理教学内容能够更好地体现时代感，让学生感受到物理学在当今社会中的重要性和应用价值。同时，新教材也能够激发学生的学习兴趣，让学生能更加积极主动地参与到物理学习中去。

其次，新教材通常注意与相关课程的联系和协调。在当前的物理教学中，由于课时不断被压缩，如果不对教材内容进行删减，将会与课时数产生冲突。此外，传统教材中与中学物理内容重复的部分容易使学生产生厌学心理。因此，教材编写者可将大学物理中与中学物理明显重复的内容进行删减，从而提高教学效率。此外，教材中需要加入与后续课程有关的内容，为学生进一步深入学习奠定基础。

最后，新教材的一个重要趋势是强调对物理概念和物理意义的理解，同时简化数学推导。现代物理教材注重将概念阐述得明确、清晰和深刻，并将学生对概念的理解放在首位。同时，教材适当简化了物理公式的数学推导，使学生能够形成较为清晰完整的物理学知识体系。这种趋势有助于使学生对物理学的理解更加深入，同时也有利于提高他们的科学素养。

二、大学物理教学的评价

（一）大学物理教学评价的理论综述

1.大学物理教学评价简介

大学物理教学评价是指根据一定的标准或指标体系，运用科学有效的手段和方法，收集大学物理教学过程中的相关资料和信息，对大学物理教学活动及其效果进行价值判断，并为大学物理教学提供反馈信息的过程。大学物理教学评价的标准或指标体系是在物理教学目的的基础上编制出的，而物理教学目的需要一系列的教学活动才能实现，所以大学物理教学评价也是一种有目的、有计划的系列活动。

大学物理教学评价是物理教学过程的一个有机组成部分，它是以大学物理教学为对象的价值判断。具体来讲，物理教学包括高校物理教师的教和大学生的学，因此，大学物理教学评价即通过观察物理教学过程中师生的活动，对教学质量进行评价。大学物理教学评价主要涉及以下三个维度。

第一，课程维度，主要包括教学目标与教学内容。教学目标方面，以课程标准为依据，考察教师所确定的教学目标是否以促进学生的发展为根本宗旨，是否正确，是否全面、具体、明确，教师在教学中是否根据实际情况恰当调整教学目标。

教学内容方面，在保证内容的科学性与思想性的前提下，考察教师对教学内容的处理情况：重点是否突出；逻辑是否清楚；选择的材料是否有代表性和启发性；深度和分量是否符合大多数学生可接受的程度。

第二，教师维度，主要包括教学方法与教学技能。教学方法方面，考察教师对教学方法的选择是否合理，是否具有针对性，是否符合教学目标和内容的需要；是否能体现学生的主体性和教师的主导性，是否有效地促进学生的自主、合作、探究学习；是否符合物理学科的特点：突出观察与实验，突出科学探究，有助于学生实现自主知识建构；是否关注了全体学生在各自基础上的发展，是否及时、有效地调整教学计划。

教学技能方面，考察教师能否根据学生的实际情况创设良好的学习氛围；能否运用适当的方法和措施调动学生学习的积极性，能否有效地指导学生学习；教学活动安排是否合理，能否根据本学科的特点充分、有效地使用传统教具和现代教学媒体；是否具有较强的实验能力，演示实验操作是否规范、熟练，是否能组织和指导学生进行实验探究；教学语言表达是否准确、精练、简明、生动，是否具有启发性、逻辑性和感染力；板书、板画是否合理、规范等。

第三，学生维度，主要包括学习过程与学习效果。学习过程方面，考查学生参与课堂学习的主动性和深入性：是否积极主动地参与课堂活动、动手实验、交流讨论、推理演算；是否深度思考课堂教学内容，是否聚精会神地倾听老师的讲解与同学的发言、积极思考、大胆表达自己的意见与质疑等。

学习效果方面，从知识目标的达成、能力目标的达成与情感目标的达成三个层面，考察绝大多数学生能否取得最大限度的发展。

2.大学物理教学评价的重要特点

大学物理教学评价的一个重要特点是多元化。在物理教学中深入挖掘教育评价的多元化，能让每个学生更好地融入课堂教学中。既注重对学生能力的培养，也注重学生价值观的形成。教育评价的多元化以学生的全面发展为本，注重学生的个性差异，因材施教；注重学生的身心发展；关注学生的成长过程；同时以学生的全面发展为多元化评价的追求目标。根据大学物理教学的实际情况，大学物理教育的多元化评价主要体现在以下方面。

（1）评价方式的多样化

对于物理教学的实际情况，可以制定以下的评价方法：大胆地降低试卷分数在学生评价体系中所占的比例基数，加入学生的平时作业的评定等级和课堂表现相结合的综合评价方法。这样可以使学生更注重自己的学习过程，而不是舍本逐末。在制定综合评价方法的同时，还可以实行学生互评、家长综评、老师点评三者有机结合的课外评价方法。

（2）评价内容的丰富化

根据物理课具备实验性的特点，可以将实验探索纳入学生的评价体系。教师在课堂上鼓励学生多思考，提出自己设计的一些实验探索方案，然后再讨论具体实施中会遇到的问题，最后让学生设计出具体、可实施的方案。实验课堂不是老师的“一言堂”，每个学生都有提出改进实验方案的权利，教师根据学生在实验课堂上的表现，给出相应的鼓励性评价。此外，教师还可以设计“我来说一说”的环节，给每个学生发言的机会，这样评价会更全面。

（3）评价主体的多样化

相关的教育工作者应更加看重学生的“自我评价”，将“他评”与“自我评价”相结合，这样可以调动学生的积极性。教师在作业上可以设计“自我评价”一栏，让学生能主观地评价自己的学习成果。

（4）评价过程的开放化

在实际教学中，将评价过程向家长公开，对社会公示，让家长参与到评价体系中来。

3.大学物理教学评价的功能

基于学习科学的大学物理教学评价，可以帮助教师确定学生学会了什么，哪些方式更有助于学生学习相关内容，以及基于学生当前阶段的水平是否能够进入下一阶段的学习。从教师的角度来看，定期评价学生的学习状况，有助于及时反馈调整后续方案；对学生而言，从教师评价活动中可以获得积极、有意义的反馈，对学生的学习心理和动机都有一定的促进作用。

（1）反馈调节功能

教学评价可以帮助教师或者学生了解学习的效果。课前的预评估能帮助教师了解学生的认知结构，便于教师基于学生的学情设计教学活动，提高课堂效率；课堂上教师通过设计教学活动，观察并记录学生的反应，了解教学目标是否达成；课后作业、阶段性测验等不仅能够反馈教师的教学效果，同时也能让学生知晓其学习情况，起到反思、激励的作用。虽然对于同一教学内容，下一次课堂的学习对象不再是同一批学生，但是过程性评价的反馈仍然能够使教师知晓在教学时、教学环节等方面安排得是否合理，帮助教师修改、完善教学设计，体现了教学评价的调节功能。

（2）激励动机功能

从心理学的角度来看，个体获得积极的评价结果对其行为有正向激励的作用。在新时代背景下，高校教师必须改变以往以纸笔考试作为唯一的评价方式，注重学生物理学习成绩的评价模式。教师不仅要关注学生的学习成果，还要关注学生的学习过程，学生在掌握物理学科知识与技能的同时，更要发展自身的物理学科素养。在物理核心素养的视角下，教学的艺术不在于传授，而在于激励、唤醒、鼓励。物理课堂评价模式必须被改变，采用不同评价的激励模式可以满足每一个学生差异化的物理学习需求，增强学生学习物理的内在驱动力，提升学生的物理学科综合素养，为学生终身发展奠定坚实的基础。

第一，家长的激励评价。鼓励家长和孩子共同参与到形成性评价活动中，找到适合孩子的物理学习方案，使孩子在评价中真正有所成长，获得更为深刻的学习心得和学习感悟，使教学评价更具实效性、全面性、科学性。

第二，同学的激励评价。在学习过程中，同学之间一定要做好对彼此的观察，抓住对方的闪光点，及时给予鼓励和表扬，由此来进一步满足学生的心理需求，调动他们学习物理的积极性。

第三，教师的激励评价。教师要根据不同学生的心智水平进行有针对性的激励教育，由此来实现对他们的有效培养。教师首先必须了解每一名学生在学习中碰到的思维障碍，才能进行个性化辅导，为学生的进步与发展打下良好的基础。

在大学物理教学中，家长、同学、老师的评价，可以很好地发挥出激励策略的教育价值，不断提高学生的自信心。当然，为了保证以评价为基础的激励教育，家长、同学、老师一定要保持积极评价，才可以由此来提升对学生的积极鼓励效果。

（3）诊断功能

诊断功能是指教学评价能够对教学活动中存在的问题进行揭示与分析，帮助教师找到症结所在，进而提出改进和补救的意见、建议，从而使教师改进教学，创造更加适合学生学习的教学内容。例如，教师对学生的学习评价，一方面可以协助学生发现学习中存在的困难与不足，进而判断导致困难与不足的原因。另一方面也可以帮助教师明了自身教学上的不足与学生学习上的问题。当然，教学评价还可以为教学管理部门提供诊断教学质量、提出改进意见和建议的依据。

（4）评估总结功能

教师利用教学评价工具，评估学生阶段性学习的成效和水平，是教学评价的常规操作。教师基于学习科学的课堂教学评价，结合学习科学原理设计评价工具，可以更为有效而科学地检验教学成果。教师在教学单元完成后，开发测量学习结果的有效工具并完成测验分析，是对师生教与学效果的最好检验。好的测验既要有保持测验题目（测验目标主要是记忆），也要有迁移测验题目（测验目标主要是理解）。评估科学指出，有效的测验包含效度、信度、客观性、参照性四个方面，因此，在编制测验实施过程中要从四个方面进行考虑：一是测验内容与教学目标和教学内容高度符合；二是测验题目尽量来自标准化考试（如教学基本要求或学业水平测试）并且有一定数量和题型保障；三是评分标准尽量客观，即使是主观题也有规范的评分要点；四是既要分析原始分的平均值，也要分析知识点和题目的得分率。

完成测验后，为从评估中获得学习机会，学生要做到以下三点：一是找出自己在本单元的优势和弱势方面，以便引导后续学习；二是反思自己的考试准备是否充分，自己的学习方法是否得当；三是分析自己的错误类型，并找出是否重复犯了某些可以纠正的错误。

（5）发展功能

评价最重要的意图不是为了证明，而是为了改进。无论“诊断”的结果如何，教学评价都能够使教师和学生获得有针对性的指导意见和建议，促进教师和学生进行反思，在认识自我的基础上，建立自信、发展潜能，改进教和学、促进教和学。具体来说，如果评判的结果是正面的，那么原先的教学方式就可以延续下去，甚至进行进一步的优化；如果评判的结果是负面的，教师和学生便会产生一定的焦虑感，并对原先的教和学做出修正或调整。总之，教学评价能够激励、控制、改进、完善教学，使教学朝着“最优化”的方向发展。

（二）大学物理教学评价的主要步骤

1.准备

评价是从评价的准备开始的。评价的准备包括背景分析、制定评价的方案和建立一定的评价组织，要解决好为什么要评价（基于什么考虑）、评价以什么为标准、由谁来实施评价等问题。

2.实施

实施包括相互沟通、收集信息、评议评分、汇总整理等工作。其中，收集信息的环节尤为重要，这是因为教学评价是以对事实性把握为前提的。在教师教学评价中，常用的收集信息的方法主要有问卷征询、座谈会、行动观察和记录等。在学生学习评价中，常用的收集信息的方法有量化形式的测验法以及质性形式的观察法、成长记录袋法和调查法等。

3.结果反思

评价的结果反思是评价实施的延续。教学评价结果反思不仅包括对教学对象、教学过程和教学结果的反思，还包括对评价本身的质量分析。

总之，教学评价是一项专业性和技术性很强的工作。按照科学的程序组织教学评价，对保证教学评价质量、达到预期评价目的有很大的帮助。

（三）创新式大学物理教学评价体系的构建策略

1.完善教学评价制度

为了确保大学物理教学评价的客观性和公正性，学校应该通过完善教学评价制度来促使学生积极参与评教工作。

首先，学校可以组织讲座，对学生进行评教前的思想教育，强调评教工作的重要性和意义。通过讲座，学生可以了解到评教不仅可以帮助教师改进教学方法和提高教学质量，还能够提高自己的学习效果。此外，针对不认真的学生，学校可以采取一些必要的限制措施，如限制他们查询成绩等，以督促他们认真完成评教工作。

其次，针对不敢认真进行教学评价的学生，学校应该强调该评价完全保护学生的个人隐私，不会对他们的成绩和就业造成任何负面影响。只有让学生放心，才能让他们表达自己真正的想法和意见。同时，学校应该采取不记名的公开评教方式，让学生能够畅所欲言，表达出自己的真实想法和意见。

2.健全反馈系统

在完成教学评价之后，学校应积极响应并切实解决学生提出的问题。针对学生反映的问题，学校应该采取有效的措施进行改进，以确保学生能够得到更好的学习效果和体验。例如，针对教师教学质量不高的问题，学校应该加强对教师的培训和管理，提高教师的教学水平和专业素养。同时，为了激励教师更好地履行职责，学校可以设立相关的奖惩措施，将教师的教学水平和绩效相挂钩，激发教师的工作积极性和责任感。同时，针对在教学评价结束后仍然存在的问题，学校可以建立一套完整的后台反馈机制，通过微信平台、APP 等方式实施，让学生能够及时反馈学习中遇到的问题和困难。通过这些平台，学生可以与学校和教师保持紧密的联系，及时得到解决问题的方案和帮助。此外，学校还可以利用互联网的大数据和人工智能技术，对学生的反馈信息进行智能分析和处理，及时发现和解决普遍性的问题，提高教学质量和效率。另外，针对学生提出的硬件设施问题，学校也应该尽快解决。硬件设施是学生学习和生活的重要保障，学校应该加强对硬件设施的维护和管理，及时更新和升级设备，确保学生能够享受良好的学习和生活环境。

3.重视评价教学设计的过程和结果

对教学设计过程和结果的评价是指对教学设计的过程和结果（即教学方案）进行的具有可行性、实用性、有效性的评估。显然，这样的评价强调的是形成性评价。

（1）对教学设计过程和结果的评价设计

评价教学设计过程和结果的根本目的在于帮助教学设计者（通常也是实施者）监控并改善教学设计。而监控和改善的前提是全面关注教学设计的“输入—过程—结果”，收集和利用评价信息，判断设计过程和结果的优缺点，指出哪些地方需要修改，并提供详细的修改建议，帮助教学设计的相关者做出具有针对性的决策。

对教学设计过程和结果的评价主要通过以下几个步骤来完成：首先是制订评价计划，核心是设计评价的指标体系，通常可以围绕教学设计的主要环节进行设计；其次是实施评价指标体系和搜集数据；最后是整理、分析和归纳数据，形成评价结论并进行反馈。

（2）对教学设计过程和结果的修改

对教学设计过程和结果的评价总是指向教学设计环节和教学设计方案中存在问题、需要修改的地方的。例如，对照“教学设计过程（和结果）、评价指标体系（量表）”，可以知道教学设计的某一环节及其设计结果是否有效。如果是有效的，那么就不需要进行修改；如果发现教学设计的某一环节或其设计结果无效或效果不佳，那么就需要进行修改。因此，对教学设计过程和结果的评价结论是修改教学设计过程和结果的逻辑起点。

需要特别指出的是，对教学设计过程和结果的评价仅仅依靠教学设计者本人的力量是远远不够的，因此，需要通过相互学习、反思和坦诚对话，获得身边同事、校外名师乃至教育理论工作者的帮助、支持、引领、指导，获得对自己的教学设计、同行的教学设计、专家关于教学设计的观点的了解，这样会使设计者的教学设计水平、对教学设计的信念等取得长足的提升。经常听一听学生的想法和意见同样有益于提高教学设计的广度、深度和效度。归纳起来，“外部力量”的咨询有以下一些作用：一是帮助设计者对教学材料的现行结构进行分析；二是提出适当的问题，帮助设计者对是否需要修改（甚至重新设计）进行决策；三是帮助设计者评价教学设计方案或某一环节的设计结果，评价在修改前及修改后可能的教学状态；四是为设计者提供修改过程方面的建议，这有助于设计者扩展关于学习、教学及教学技术方面的考虑；五是帮助设计者选择、设计和制作教学材料；六是向设计者提供适当的鼓励等。

最后，当设计者对教学设计方案或某一环节的设计结果进行具体修改时，他必须再次分析和检查评价数据和评价结果，根据“想要发生的”和“实际会发生的”之间的差距，重新发现设计中的不足，然后，回到设计的“规划”阶段开始新的设计。

第三章 大学物理概念教学的改革

大学物理概念教学是培养学生科学思维、提高科学素养的重要环节。然而，传统的大学物理概念教学往往以理论角度为主，过于注重知识的灌输，缺乏与实际场景的联系和应用，导致学生对物理概念的理解和运用的能力有限。为了适应时代发展的要求，大学物理概念教学亟须改革。本章围绕物理概念教学的基本理论、大学物理概念教学的问题、大学物理概念教学的改革策略等内容展开研究。

第一节 物理概念教学的基本理论

一、物理概念概述

（一）物理概念的基本特点

物理概念是客观事物或者过程的物理本质属性在人头脑中的反映。因此，物理概念来源于客观事实、过程或者基于此的人的经验。由于不同的客观事物或者过程是相互联系在一起的，反映不同本质属性的概念之间也必然存在联系。随着人们对客观事物、过程的认识逐渐深入，物理概念也是逐渐发展的。下面从物理概念的产生、关联与发展等方面具体阐述其特点①。

1.物理概念是观察、实验和科学思维相结合的产物

物理概念是在观察、实验的基础上，运用科学的思维方法，排除片面的、偶然的、非本质的因素，抓住一类物理现象共同的本质属性，加以抽象和概括而成的。学生通过观察等行为，在头脑中形成对客观事物的感觉和知觉，在此基础上建立客观事物的表象，最终通过科学思维，形成物理概念，因此，在概念形成过程中，观察、感觉、知觉、表象等是基础，科学思维是关键。

观察和实验是获得物理概念的重要手段。通过观察各种具体的物理现象，可以发现它们的共同特征，并进一步将这些特征抽象成物理概念。以机械运动为例，学生可以通过观察天体、车辆、机器以及人的行走等现象，发现它

① 阎金铎，郭玉英．中学物理新课程教学概论[M]．北京：北京师范大学出版社，2008．

们都在进行着机械运动，即物体相对于其他物体的位置随时间改变。在这个过程中，学生首先需要仔细观察这些现象，并记录下物体的位置随时间的变化情况。随后，学生可以通过思维加工，将这些具体的物理现象进行抽象，得出机械运动的概念。这个概念描述的是物体相对于其他物体的位置随时间改变的过程，它不再局限于具体物体本身，而是更加关注物体位置的改变过程。

对于一些复杂概念，学生还应该在概括出共同特征的基础上，判断哪些因素和研究的问题有关，哪些因素和研究的问题无关，概括出来的特征是不是本质特征等。对于所做出的判断，学生还要通过实验以及跟其他概念联系起来并加以检验，并且往往还需经过一个推理的过程。一个复杂概念的建立往往伴随着一类物理问题的解决。物理概念作为观察、实验与科学思维相结合的产物，一方面观察的对象是客观事实，实验呈现的结果也是客观事实，因此物理概念的建立是以事实为依据的；另一方面物理概念是在客观事实的基础上依赖科学思维建立的，因此物理概念的建立必然涉及物理研究方法、思维方法等工具。分析物理学中所有概念的建立过程，会发现物理概念是观察、实验与科学思维相结合的产物。

2.大量的物理概念具有定量的性质

许多物理概念是用定量的方法来描述客观事物的本质属性的，如速度、加速度、电场强度、电阻、电压等，这类物理概念称作物理量。

按照分类标准的不同，物理量可以有不同的分类。

（1）状态量和过程量

状态量是描述状态的物理量，其值通常由研究对象的状态决定。例如，速度和位置坐标是从运动学角度描述物体状态的物理量，动量、机械能（动能和势能）是从动力学角度描述物体运动状态的物理量，压强、体积和温度则是描述气体状态的物理量。这些状态量通常能够用相应的态函数来进行表示。

过程量是描述过程的物理量。力学中的位移、功、冲量，热学中的热量等，都是过程量。对于不同的过程，过程量的量值有可能相同，也有可能不同。例如，在地球表面附近，物体沿着不同路径从位置 4 到达位置 8，并且沿不同路径所用的时间相同。则在此过程中，物体沿不同路径运动时，重力做的功和冲量一定相同，阻力做的功和冲量在一般情况下不相同。

（2）性质量和作用量

性质量是用来描述物质或物体的某种性质的量。性质量可以是物质的密度、劲度系数、比热容、电阻、电场强度、介电常数、磁感应强度、电容等。

它们用来表征物质的特定性质，可以通过观察和实验来测量和评估。性质量是事物固有的属性，与物体的相互作用无关。

作用量则是用来描述物体之间相互作用的量。这些相互作用可以是力、力矩、功、冲量等。作用量是一个广泛的概念，它描述了物体在相互作用下发生的变化或转化。例如，力是一种作用量，它描述了物体受到的推或拉的作用；功是描述力对物体进行的能量转移；冲量则是描述力对物体产生的瞬时变化。

（3）矢量和标量

有些物理量既有大小，又有方向，并且其运算遵从平行四边形法则，我们把这类物理量称作矢量，如力、速度、加速度、动量、电场强度等。有些物理量只有大小，没有方向，我们把这类物理量称作标量。标量的运算遵从代数法则，如时间、质量、功、能、电势等都是标量。值得注意的是，有些物理量尽管有方向，但由于其运算遵从代数法则，所以仍然属于标量，如电流、电动势。

（4）基本物理量和导出物理量

基本物理量是人们根据需要而选定的，其数目是能明确地描述物理学中所有量所必需的最小数目。基本物理量之间是相互独立的。如今，国际单位制中采用的基本物理量有七个，即长度、质量、时间、电流、热力学温度、发光强度和物质的量。基本物理量的单位叫作基本单位。在国际单位制中，这七个基本物理量的单位分别是米、千克、秒、安培、开尔文、坎德拉和摩尔。

导出物理量是基于基本物理量的，通过定义或使用相关公式推导出来的物理量。根据国际单位制，长度、时间和质量被视为基本物理量，其他物理量可以通过这些基本物理量的组合来导出。在力学领域，可以用长度（米），时间（秒）和质量（千克）这三个基本物理量来导出各种力学量。例如，速度可以用长度和时间的比值来定义：速度＝长度／时间。加速度可以用速度和时间的比值来定义：加速度＝速度／时间。力可以用质量、加速度和时间的乘积来定义：力＝质量 × 加速度。这样，可以用基本物理量来组合得到各种导出物理量。除了力学量，其他物理量也可以用不同的基本物理量组合来导出。例如，电荷可以用基本物理量电流和时间的乘积来定义：电荷＝电流 × 时间。光强度可以用基本物理量功率和面积的比值来定义：光强度＝功率／面积。

3.物理概念是不断发展变化的

随着人们不断深化对自然界的认识，物理概念也在不断发展和变化。这种发展和变化可以表现在两个方面：一是物理概念的内涵或者外延的不断丰富和扩展，二是物理概念内涵或者外延的修正。有些物理概念的丰富和扩展是随着人们对客观世界认识的不断深入而发生的。

例如，质量的概念经历了多个发展阶段。最初，质量被定义为物体所含物质的多少，这是一个直观、易于理解的概念。随着物理学的发展，质量被赋予了更多的含义。牛顿第一定律提出了惯性质量的概念。惯性质量是物体惯性大小的量度，反映了物体的一种固有属性，即惯性。这个概念在经典力学中扮演着重要的角色。万有引力定律则提出了引力质量的观念。引力质量是物体产生引力和受引力场作用能力大小的量度。这个概念在描述天体运动和宇宙学现象时非常重要。引力质量和惯性质量是两个相互独立但等价的物理量，它们都与物体的内在属性相关，而不是由外部因素决定的。总之，质量的概念从最初的物质含量到惯性、引力质量，再到现代物理学中的能量、动量相关概念，这些发展反映了人类对物质世界认识的不断深入和拓展。

（二）物理概念与核心素养

物理概念的核心素养包括物理观念、科学思维、科学探究和科学态度责任。这些素养有助于学生理解物理学领域的基本概念，培养批判性思维和解决问题的能力，同时也促进对科学研究、知识的尊重和负责任的态度。

1.物理概念与物理观念

物理观念是从物理学视角形成的关于物质、运动与相互作用、能量等的基本认识，是物理概念和规律等在头脑中的提炼与升华，是人类对物质世界正确科学的认识、看法与观点。学生通过学习物理概念和规律等物理知识，建立自己的物理观念，用物理观念看待自然和生活中的现象，从物理学视角解释自然现象和解决实际问题。或许将来学生遗忘了某些具体的物理概念和规律，但相应的物理观念仍长存于学生的头脑中，并影响他们对于世界的看法、行为和解决问题的方式。

“物理观念”主要包括物质观念、运动与相互作用观念、能量观念等要素。既然通过物理概念和规律的学习可以提炼升华进而发展为物理观念，那么有关物质、运动与相互作用、能量等的物理概念的教学，其教学目标就要提升至物理观念的层面，同时要深入研究相应的物理概念所支撑的相应物理观点，然后概括提升构成体系，即形成了物理观念。例如，要形成能量观，需要学习与之相对应的多个物理概念和规律。能量无法被直接观察到，而且其具有多种形式，那么功、动能、势能、内能、光能等概念支撑着能量具有多种形式，且通过做功，能量可以转移或转化；能量守恒定律和热力学第二定律支撑着能量可以变化，但其变化具有方向性，不是随意的。能量基本贯穿了整个物理知识结构，把物理知识相互关联、相互支撑，才能形成能量认知体系，形成能量观的内在结构。

2.物理概念与科学思维、科学探究

物理概念是观察、实验和科学思维相结合的产物，是对物理现象和物理过程的抽象化和概括化的思维形式，是思维活动的基本单位。

教育的核心在于发展学生的思维，尤其是科学思维。科学思维是对客观事物、内在规律及相互关系的一种认识方式，它包含了多种认知方法，分析、综合、抽象、概括、比较、类比、推理、等效等。

学生通过建构物理概念的学科活动习得科学方法和科学思维，培养具有严谨、质疑、批判、创新的科学思维品质。例如，对于质点、理想气体、点电荷等物理模型的构建，学生通过抓住主要因素忽略次要因素，学会用理想方法进行科学抽象。又如速度、电阻、电场强度、电势等定义式的得出，通过概括两物理量的比值能反映某一物理事物或现象的本质属性，让学生学会比值定义法这类抽象方法。例如，“光是一种波”的概念是机械波在两种介质的界面上会同时发生反射和折射现象，不同振源发出的几列机械波，在空间相遇后能够彼此无妨碍地相互穿行，而光在两种介质的分界面上也会同时发生反射和折射现象，几束光相遇后也能够彼此无阻碍地相互穿行，这是根据两个对象在某些属性上的相似性，推出它们在另一个属性上也可能相似，这是类比推理的思维方法。

3.物理概念与科学态度责任

从培养学生的学科素养的角度上看，不管是从物理史体会科学家建立概念的过程，还是学生重新建构概念、理解应用物理概念的过程，都应体现对科学本质的正确认识、科学态度的端正和社会责任的担当等人文精神，提升精神品质。

许多物理概念的建立过程经过艰辛的探索，需要百折不挠的坚持精神，如法拉第发现电磁感应现象和揭示其规律的过程，他做了近10年的“磁生电”实验，在工作日记中写下大量毫无结果的失败记录，这些日记正是法拉第百折不挠、坚持奋斗的见证。关于光的本质的研究，在人类社会发展过程中经历了千年之久，从一些现象和简单规律的描述到以牛顿为代表的微粒说，再到以惠更斯为代表的波动理论；从光的电磁说到光电效应现象的出现，再到光的波粒二象性，人们在探寻光的本质的道路上经历了一次又一次理论被否定和发展的过程。一些物理概念的应用，特别是在现代科技上的应用，肯定了现代科技的发展对社会贡献非常之大，与此同时教师也要引导学生关注现代科技对社会发展的影响，使其研究方向更要遵守道德规范、保护环境并推动可持续发展。

二、物理概念教学的理论基础

（一）多元智能理论

1.多元智能理论的基本观点

1983 年，发展心理学家加德纳（Howard Gardner）系统地提出了多元智能理论（Multiple Intelligences）。多元智能理论在教育界引起了很大的兴趣和关注。这个理论主张人类智力不仅体现在语言和数学方面，还包括其他领域的智力表现。

基于对传统智力测验理论的批判，加德纳在 1983 年出版的《智力的结构》（Frames of Mind）一书中提出了自己对智力的新理解："智力是在特定文化背景或社会中，解决问题或制造产品的能力。"[①] 按照新的定义，加德纳提出了关于智力及其性质和结构的新理论——多元智能理论。根据加德纳的多元智能理论，智力是多元的，每个人都在不同的智能领域中有不同的才能和潜力。这意味着不能仅仅通过传统的智商测试来衡量一个人的智力水平，因为智力的表现形式多种多样。加德纳提出了八种智能类型，包括语言智能、逻辑数学智能、空间智能、音乐智能、身体运动智能、人际智能、自我智能和自然观察智能。每个人在这些智能领域中可能有不同的强项和弱项，这也解释了为什么有些人在学术领域中表现出色，而在艺术领域或体育领域可能不那么突出。

此外，加德纳还强调了文化的影响，不同的文化对智力的发展和要求有所差异。个体在不同文化背景下可能会发展出不同的智力特长和优势。因此，我们评判一个人的成功与否，应该考虑到他们在多个智力领域的表现以及他们所处的文化背景下的要求和发展，这样才能更全面地了解一个人的才能和潜力。

---

① 霍力岩. 加德纳的多元智力理论及其对我国幼儿教育改革的积极意义[J]. 学前教育研究，2000（02）：11-13.

2.对物理概念教学策略探索的启示

（1）形成积极乐观的学生观

“每个学生都有自己的优势，有自己的学习风格和方法，在学校里再也不存在‘差生’，只有具备不同智力特点、学习类型和发展方向的可造之才。教师看待学生时应时刻认识到，每个学生都是多种不同智力、不同程度的组合，问题不再是一个学生有多聪明，而是一个学生在哪些方面聪明和怎样聪明。”① 这种对学生的高期望，会使教师更加充分地投入教学，这种积极的态度和努力的行为将会使学生受到感染，让学生把教师的期望转变为自己的期望，从而增强自信，加倍努力，获得成功。

（2）正视学生差异，创设学习环境，因材施教

每个学生的智力特点都是独特的。大学物理教师应该意识到每个学生的学习风格和认知方式都是不同的。不同学生对于教学内容的理解和接受方式也会有所不同。因此，物理教师需要根据学生的个体差异，采取不同的教学方法和手段。对于视觉型学生，可以利用图表、模型和图像等可视化工具，帮助他们更好地理解物理概念和原理。对于听觉型学生，可以通过口头解释、讲述实例和实验等方式传递知识。对于动手型学生，可以设计实验和探究活动，让他们亲身参与，从实践中探索和理解。同时，物理教师也应该不断反思自己的教学行为，确保教学活动能为学生创造丰富的学习环境。举办小组讨论、问题解决活动、项目展示等教学活动，让学生有更多的选择机会和参与度，从而激发学生的兴趣和主动性。此外，教师还可以通过认知策略教学，教授学生学习技巧和方法，帮助学生掌握有效的学习方式。例如，教师教授记学习笔记的方法、问题解决的思维步骤等，都能够帮助学生更好地掌握物理知识和技能。

（3）树立灵活多元的评价观

现代的大学物理教学越来越注重过程性评价，强调学生的参与和反思。在这种教学模式下，物理教师应该从多个角度观察、评价和分析学生的学习过程和表现。

首先，大学物理教师可以通过观察学生在实验、探究活动中的参与程度和处理问题的能力，评价和分析学生的实验设计、实施和结果分析能力。这能够帮助教师了解学生对物理概念和原理的理解程度，发现学生在实际应用和解决实际问题中的优点和需要改进的方面。

---

① 李春颖．初中语文教学整体设计策略探讨[J]．新课程教学（电子版），2018（12）：92.

其次，大学物理教师可以借助课堂讨论和小组活动，观察学生在交流合作中的表现。通过观察学生的思考和表达能力、合作交流能力、批判性思维和问题解决能力等，评估学生的学习过程和互动能力。

此外，大学物理教师还可以借助自我评价和同学评价，让学生从自我观察和对同学的观察中寻找自身的优点和不足。学生可以通过对自身学习过程和结果的分析，发现自己需要改进的方面，并制定改进计划。同时，同学评价可以让学生互相学习和启发，提供反馈和建议，促进彼此之间的成长和发展。

（二）建构主义理论

1.皮亚杰关于建构主义的基本观点

瑞士心理学家让·皮亚杰（Jean Piaget）被认为是建构主义的先驱。皮亚杰的认知发展理论主要关注儿童在认知上的成长和理解能力的发展。他强调儿童在认知过程中的自主性和积极性，通过与周围环境的互动和适应来建构自身的认知结构。根据皮亚杰的理论，学生在认知发展过程中通过两个基本的认知处理方式（即同化和顺应）来建构自己的认知结构。

2.建构主义理论的学习观和教学观

建构主义学习理论认为学习是学生主动建构知识的过程，而不是被动接受信息的过程。学生通过与环境互动、思考和解决问题来构建自己的知识和理解。建构主义强调学生在学习过程中的主动参与、探究发现和交流合作。在建构主义的学习过程中，学生通过与父母、教师和同学的交流和合作来共同构建知识。他们在情境中遇到新信息时，会将其与已有知识进行对比和冲突，进而引发观念的改变和知识结构的重组。这种冲突和重组的过程促使学生形成新的知识和理解。

此外，建构主义还强调学习是一个动态变化的过程，学生通过反思和思考来深化对已学知识的理解，并将其与过去、现在和未来的经验联系起来。反思和交流是学生进一步加强和完善自己所学知识的重要手段。

在建构主义学习理论中，教师的角色确实需要从传统的知识传递者转变为学生学习的帮助者和促进者。教师应该激发学生的主动性、积极性和创造力，帮助他们主动参与学习，建构知识的意义。在教学过程中，教师可以通过设计真实的任务情境来引发学生的学习兴趣和动机，将所学的知识与实际生活中的问题和情境相联系，使学生在解决任务的过程中发现知识的意义和价值。例如，教师可以设计小组活动或项目学习，让学生合作解决现实问题或完成实际项目，从而激发他们的探索精神和创造力。此外，教师还应该注重学生之间的相互沟通和交流。通过与同学的合作学习和讨论，学生可以互相启发、分享和进行批判性思考，促进彼此的思维发展和知识建构。

3.对物理概念教学策略探索的启示

基于建构主义理论和对物理教学的理解，教师应该根据学生的物理认知结构特点和变化规律来设计教学过程，以促进学生对物理知识的意义建构。

（1）创设物理情境，促进意义建构

教师在创设情境时可以借助一些实际例子或实验，使学生能够通过亲身实践和观察，感受到物理规律和概念的真实应用和实际效果。例如，在讲解力学原理时，教师可以通过设置一道与日常生活相关的问题，如如何通过简单的杠杆原理，使用力更小且更轻松地移动重物。这样的情境可以吸引学生的注意力，并让他们主动思考和探索力学原理。另外，教师还可以运用一些互动性强的情境创设，如结合物理模拟软件或实验装置，让学生在实践中发现问题和解决问题。这种情境可以激发学生的探究欲望，并提高他们对物理学习的参与度和主动性。

创设情境还可以通过情境化教学设计，即将物理知识与学生生活经验结合起来，创造出一种真实的学习环境。例如，在教授热学原理时，教师可以通过设置一道与温度调控相关的问题，让学生在模拟的环境中设计解决方案和实验步骤，从而培养学生的实践操作能力和问题解决能力。

（2）物理教学中应突出学生主体性的发挥

在建构主义理论中，学习被理解为学生根据自己的经验和理解来建构知识的过程，而不是简单地接受教师传递给他们的知识。在这个过程中，教师应该给予学生解决问题的自主权，相信、尊重、理解他们。教师应该相信学生的潜力和能力，相信他们能够通过自主探究和思考来建构自己的知识。教师应该鼓励学生提出问题、提供多种解决方案、发表自己的观点和理解，而不是只注重正确答案的传递。教师还应该尊重学生，尊重他们的学习风格、思维方式和个性特点。每个学生都是独特的，他们可能有不同的学习节奏和方式，教师应该给予他们适当的自由和空间，让他们根据自己的需求进行学习和知识建构。理解学生也是很重要的，教师应该充分了解学生的背景、先前知识和经验对他们的学习有何影响。教师可以通过与学生建立良好的关系，关心和倾听他们的学习需求和困惑，更好地了解他们的学习情况，从而更好地指导和支持他们的学习。

（三）维果斯基最近发展区理论

1.维果斯基最近发展区理论的基本观点

20世纪20年代，苏联著名教育家和心理学家维果斯基（Lev Vygotsky）提出了反映教学与发展内部联系的最近发展区理论。在维果斯基看来，可以将儿童的心理发展分为两种水平：一种是现有发展水平，指已经完成的儿童发展系统所形成的心理机能的发展水平，另一种是潜在发展水平，指儿童正在形成和正在发展的过程，其实质表现为儿童在自己的这一发展阶段还无法独立完成任务，但其可以在成人或有能力的同伴的合作与帮助下，通过模仿完成这些任务。这两种水平之间的距离，就是“最近发展区”。

维果斯基还提出，最近发展区理论对于教育教学来说具有重要的实践意义。教师可以通过提供适当的引导、激发学生的思维、创造学习情境等方式，将学生引入到最近发展区，帮助他们逐步获得更高层次的认知能力。这种个性化的教学方法能够更好地满足学生的学习需求，激发他们的学习兴趣和动力。

2.对物理概念教学策略探索的启示

了解学生的现有发展水平对于物理教师来说是非常重要的。物理教师不能仅仅依靠自己的教学经验或主观感受来评价学生的学习状况，而应该通过多种方式和工具来了解学生的实际情况。教师可以观察学生在学习物理知识和解决问题时的表现，进行个案分析，了解学生的认知水平、思维方式、学习风格等。同时，教师还可以通过与学生的对话、交流和反馈，了解他们的学习需求、困惑和兴趣，从而更好地设计教学任务。在设计教学任务时，教师应该贴近学生的生活和兴趣，选择他们感兴趣的话题作为学习的起点。这样可以激发学生的学习动机，并增强他们的学习兴趣和主动性。教师还应该根据学生的实际情况，选择合适的学习任务难度。任务的难度应该既不太简单，也不太复杂。教师可以通过不同的教学方法和策略，为学生提供适当的支持和挑战，使他们能够在最近发展区中进行认知发展。

（四）奥苏泊尔有意义学习理论

1.奥苏泊尔有意义学习理论的基本观点

美国教育心理学家奥苏泊尔（D·P·AuSubel）将课堂学习方式分为接受学习和发现学习两个维度，并强调了学习知识的来源和学习过程的性质的区别。接受学习是指学生通过接受教师或学习材料提供的知识来学习，其重点在于接受和记忆知识。而发现学习则是指学生通过独立探索和发现来构建知识，其重点在于主动思考和问题解决。然而，我们不能一概而论地认为一切接受学习都是机械的、一切发现学习都是有意义的。事实上，无论是接受学习还是发现学习，都有其机械性。通过接受学习可以进行机械化的记忆和模仿，缺乏理解和应用的能力。通过发现学习也可能陷入困惑和迷失，缺乏正确的指导和结构化的学习过程。

接受—发现学习不一定是机械的或是被动的。真正有意义的接受学习同样需要学习者的“主动思考”。进行有意义的接受学习必须具备以下三个前提条件。

第一，学习材料本身必须具备逻辑意义，学习材料应该能够与学习者已有的知识和经验建立联系，联系是指新符号或符号所代表的新知识观念能与学习者认知结构中已有的表象、有意义的符号、概念或命题建立内在联系，而非只是字面上的联系，这样学习者才能够更容易地理解新知识并应用它。如果学习材料与学习者的认知结构没有实质性的联系，那么学习者就很难理解新知识并将其纳入自己的知识体系中。

第二，学习者必须具备有意义学习的意愿，也就是学习者需要积极主动地将新旧知识进行联系。教师需要采取有效的激励手段，如奖励、表扬等，来调动学生的积极性和主动性，让学生在课堂教学过程中积极参与思维活动，将新旧知识进行有机结合，使新知识能够被顺利纳入认知结构的适当部分。只有当学生的积极性和主动性得到充分发挥，有意义的学习才可以顺利完成。

第三，学习者的认知结构中必须具备同化新知识的适当概念。只有满足这三个前提条件，才可以使接受—发现式学习成为一种高效的传授学科内容的方法。

2.对物理概念教学策略探索的启示

在大学物理概念教学中，应注意几个方面。

首先，培养学生的学习动机是重要的。教师可以通过引入有趣、实际和与学生生活相关的案例、实验和问题来激发学生的学习兴趣。教师还可以鼓励学生思考和提问，培养他们的学习主动性。此外，与学生建立良好的师生关系、给予积极的反馈和鼓励，也可以促使学生更加积极地参与学习。

其次，课堂教学应具有逻辑性。教师要按照物理学科的逻辑结构来精心设计教学内容和安排教学顺序。教师可以根据学科的知识体系和学习层次，合理选择和组织教学内容，确保教学过程的连贯性和逻辑性。同时，教师也要灵活运用不同的教学方法和媒体工具，以促进学生的深入思考和理解。

最后，在课堂教学前，教师要了解和把握学生的原有认知结构。教师可以通过预习、诊断测试或讨论，了解学生对于相关概念和知识的理解程度。这样可以判断学生是否将原有知识巩固清晰，以便有针对性地进行教学。教师可以针对学生的认知水平和困惑，选择合适的教学策略和方法来引导学生学习，确保新知识能够顺利纳入学生的认知结构之中。

（五）巴班斯基教学过程最优化理论

1.巴班斯基教学过程最优化理论的基本观点

教学过程最优化要全面考虑教学规律、原则、现代教学形式与方法，以及教学系统的特征和内外部条件等因素。巴班斯基采用了辩证的系统方法来研究教学过程，将其看作一个完整的系统，由多个基本成分组成。

首先，教学目的是由社会所决定的，它是教育活动的核心，需要明确具体的目标和期望。教学内容则包括学科知识、技能、价值观等方面的内容，需要根据学生的需要和特点来设计。

其次，教学条件是指为实现教学目标和教学内容所创造的教学环境和资源。这包括教室设施、教学工具、教材教具等，它们对教学质量和效果有着重要影响。

再次，教师和学生的活动组织形式涉及课堂教学的组织方式，例如讲授、讨论、实践、合作等，要根据教学目标和学生的需求来选择合适的组织形式。此外，教师的教学方法和策略是教学过程中的重要组成部分，巴班斯基主张采用启发式教学、问题解决教学等方法，以培养学生的思维能力和解决问题的能力。

最后，教学结果的分析和自我分析是为了检验和评价教学效果，以进一步改进和优化教学过程。

实现教学过程最优化需要有明确的最优化标准来评估和选择教学方案。巴班斯基将效果质量标准和时间消耗标准作为最重要的标准。

首先，效果质量标准是评估学生在学习成绩、思想品德和发展等方面是否达到其在一定发展时期内的实际可能水平。这意味着教学方案应该能够提供有效的学习机会和支持，能够促进学生全面发展，包括知识技能的掌握、思维能力的培养、品德素养的提升等。

其次，时间消耗标准是指教师和学生在教学过程中遵守学校规定的课堂作业和家庭作业的时间定额。这意味着学生应该能够在规定的时间内完成学习任务，避免时间上的浪费和过度压力，保证教学过程的高效性。

2.对物理概念教学策略探索的启示

巴班斯基的教学过程最优化抓住了教育教学中极为关键的问题，对于大学物理概念的教学策略而言，表现在如下几点。

①不同学生个体化的诊断和评估。通过对学生的能力和学习情况进行详细的诊断和评估，了解每个学生的学习特点和需求，为教学提供有效的依据。

②制订个性化的教学计划和任务。根据学生的能力和学习特点，制定个性化的教学计划和任务，确保每个学生都能够在适合自己的学习节奏下进行学习。

③选择适当的教学方法和策略。根据学生的学习特点和需求，选择适当的教学方法和策略，如使用启发式教学、实践性教学等，提高学生的积极性和主动性。

④提供个性化的辅导和指导。根据学生的学习进度和学习困难，提供个性化的辅导和指导，帮助学生克服困难，达到学习目标。

三、物理概念教学的基本原则

（一）顺序发展原则

顺序发展是指按照概念的逻辑结构和学生的认识发展的先后次序来进行，从而能够使学生对基本的概念加以掌握，并系统地对其进行学习，最终形成严谨的逻辑思维。

知识需要形成一个系统，才可以被我们完全掌握。知识如果只是零碎的、毫无联系的，那么其在我们的大脑中就像一个杂乱无章的仓库，难以被我们有效地利用和掌握。仓库里面的物品杂乱无章，即使是它的主人，也无法从这些杂乱无章的东西中找出自己想要的东西。

要想教概念，就得考虑每个概念的先后次序，而且当有了先后次序以后，即便这些概念是相同的，也会因为各种概念之间存在逻辑性而有不一样的解释，如温度、质量、能量等，这些都是在不断发展中形成的概念。在物理概念教学中，教师要充分考虑教材的系统性和学生的阅读规律。物理概念教学中的连续发展原则应当符合下列几点要求。

一是教学内容要遵循组织体系。教师要基于学生的个性和自身专业，对教材体系进行深入了解，充分发挥自身的聪明才智和创造性，编好教材。

二是要把握好教学的主要矛盾和教学中的关键与难点。教师要将基本概念和技能培养放在课程的中心位置，并花费更多的时间和精力在那些重要内容上。通常而言，出自不同的原因，每个学生的学习困难程度都不同，这意味着教师需要设计各种策略来帮助学生突破教学困难。

三是从浅到深，从容易到复杂。要做到这一点，必须与学生对知识的理解相符，并且要有一定的次序。经验表明，教育并非“跳跃式的追赶”，而是“循序渐进”。教师只有打好学生的基础，才能自然而然地提升学生的认知能力，从而使学生的学习变得更快、更有效率。

（二）灵活性原则

概念是人类思考和理解的产物，它具有动态和灵活的特点。动态灵活思维意味着从不同的角度和层面去思考问题的解决方式，在遇到困难或障碍时能够迅速调整思考方向，寻找到正确的解决方案。这种思维的灵活性是建立在概念的灵活性的基础之上的。概念是人类思维的基本单位，它具有一定的弹性和可变性。物理概念作为自然科学领域的基础，也具有这种弹性特点。因此，在物理概念的教学中，教师需要注意运用弹性原理，帮助学生更好地理解和掌握物理概念。

以下列举几个物理概念教学的灵活性原则。

第一，要从不同的角度来理解和解决物理问题，在具体的应用中，概念的意义并不是一成不变的。这是由于在不同的环境中起主导作用的对象的本质特征是不同的。例如，“力就是一个对象对一个对象的影响”是力的表象，而“力影响物的移动”则是指力的动作。

第二，教学理念并非是要对这些概念予以掌握。定义一个概念，并不代表它的含义已经被确定。所以，在学习了一个概念的含义后，学生需要在解决问题时对其进行灵活地应用，并理解其意义。

第三，概念并不是相互独立的，它们总是与其他的观念紧密相连。例如，力、功、能量、动量。因此，要注重教育学生以全局的观点来学习，这样才能使他们在实际中不断地学习，养成良好的学习习惯。

（三）直观性原则

直观性原则是指在教学中，教师通过引导学生直接感知事物、模型或通过形象的语言描述，丰富学生的感性认识，从而使他们获得正确的认知。这个原则强调教师在课堂上不仅要传授知识，还要运用生动、形象的语言来描述所学的事物和过程，帮助学生建立清晰的表象，加深对知识的理解和记忆。

运用直观性原则，教师可以让学生把书本上的知识和其所反映的东西相结合，要透过事情本身来教导；也就是说，应该尽量让学生看到、触摸、听闻等。一般来讲，人们在思考时依靠形式、色彩、声音和感觉。逻辑并非其他事物，其只是我们心中对自然事物与现象之间关系的反映。逻辑思维对于每个学生而言都是至关重要的，人们依靠逻辑思维会自然地把事物现象与真实现象进行相互联系，从而在大脑中形成一种反应、形成一种思维。

物理学是与自然界最为接近的学科，物理学的概念是物理学的基本性质的体现。所以，在物理概念教学中，教师应注重运用直观性原则。利用物理实验、挂图、幻灯片、录像、影片等，让学生了解物理学的基本概念。例如，教师习惯性的讲解，没有具体的资料作为依据，解释起来不仅耗时耗力，还会让学生难以理解。对于一些学生无法直观地感觉到的现象，教师在进行概念教育时，要通过语言、形象的讲解，使学生获得感性的认识，使他们产生生动的想象，从而达到直观的效果。对语言的直觉不会受到物质的制约，要依靠学生所拥有的相关经验和知识。

（四）巩固性原则

巩固性原则，是指在教学过程中，教师通过传授知识和技巧，使学生在一定程度上牢牢记住，并能在必要时快速重现，从而促进其对知识和技巧的运用。

历代教育者都非常重视知识的整合。孔子主张“学以致用”，即“温故而知新”。知识的保存与获取是学生获得新的知识、顺利地进行学习的先决条件，是掌握和运用知识的先决条件。在学习物理学时，如主张“巩固”原理，而不“巩固”，就无法积累知识，无法进行复杂的创新思考。例如，不掌握粒子的概念，就很难进行运动和受力分析；同样的，如果没有对能量和功的理解，那么就不能学习动能与能量守恒定律。

巩固原则的实施应遵循以下基本要求。

一是知识的巩固不能和死记硬背相混淆，而应建立在对知识的认识上。思考分为构思、判断和推理三个层次，没有了解物理概念，就很难进行后续的思考。

二是应合理地组织修订。一旦学会了一个物理概念，以后必须经常复习。

三是复习不应建立在单纯的记忆或背诵上，而是要在应用中积极保留。只有不断地联系新知识和修正旧知识，才能在应用的过程中对现有的知识和技能进行确立和深化。

（五）科学性和思想性统一原则

科学性和思想性是指教师要基于马克思主义的指导，向学生传授科学知识，并通过知识教育来培养他们的社会主义道德观、人生观和世界观。

物理概念是人类文化的集合体，它包括科学与思想两个层面。在教学活动中，科学是思想观念的根本。不讲科学，向学生传递错误的知识，只会误导学生只有运用正确的思想和方法，才可以对事物的本质与规律进行揭示，构建科学的知识系统，形成正确的思想，所以不能脱离思想来谈论科学。

科学性与思想性相结合的理念教育必须符合下列基本要求。

一是在物理概念教学中，必须保证其科学性。在大学物理概念教学中，所涉及的知识、方法、过程应当具有科学性、正确性和指导性。一般来讲，把具有争议性或不可信的知识作为基础的科学知识传递给学生是不恰当的，这样会使他们产生错觉，影响他们的基本观念。

二是以物理观念为基础的唯物论、辩证法等意识形态教育，都具有普遍性。例如，在学生了解了电的知识之后，教师解释一下为何雷电会攻击天空，就可以对某些学生的迷信观念进行破除。在掌握了相关领域知识后，教师应当重视相关领域知识的物质化和对物质世界发展的作用。

三是教师自身的职业发展与心理训练是必不可少的。俗话说，“要想打铁，就得先把自己练好。”要使科学和观念相结合，教师自身就必须具有卓越的职业素养。

（六）理论联系实际原则

人们在理解与学习的过程中，必须遵守理论与实际相结合的基本原理，这也是物理概念教学的基本准则。空洞的理论毫无意义。理论是不能与现实和思想相脱离的。

大学物理概念教学的核心目标是向学生传授知识，这是无可争议的。然而，这个目标不能仅仅停留在书本知识的传授上，因为书本知识只是学生的间接体验。间接体验是指学生通过阅读、听讲等方式获取知识，而直接体验则是学生通过亲身实践、直接观察等方式获取知识。因此，为了使学生更好地理解和掌握物理概念，大学物理概念教学需要将理论与实际相结合。

大学物理概念教学的理论联系实际原则应该遵循以下基本要求。

第一，物理教学应以概念为导向，以实践为导向。因此，在教学过程中，教师一定要指导学生正确学习理论，否则就不能与实践相结合。物理概念来源于现实，反映了其基本性质，这使得物理概念更容易与现实相联系，如“完成工作”和“加速前进”等概念。

第二，强调培养学生对物理概念的应用能力，并在实践中充分发挥物理概念的作用。例如，大学生在学习密度时，可以通过测量固体和液体的密度来加深对密度的认识。同时也要注重社会实践，如让学生到工厂进行实地考察，使他们把所学的知识和现实相结合。

第三，讲解物理学的基础知识，注重技巧的培养。在大学物理概念教学中，教师应注意培养学生的动手动脑能力，而不是仅掌握物理的基本原理。强调在教学中先讲授物理基础概念，然后进行实践，倡导“精讲多练”“讲练结合”，以提高学生对知识的掌握与应用。

（七）可接受原则

可接受性原则是指教学内容、方法、数量、进度都要与学生的发展特点和要求相符，但又要有一定的难度，重要的是，学生在身体上、精神上和素质上都得到充分的发展。

教师应该按照主次秩序的原则，观察学生能力的发展。首先，重要的是按照学生所处的发展阶段开始教学，并继续分阶段教学。人们从经验上知道，教育中传授的知识除非成功地转化为学生的精神财富，否则就不能被理解、被接受。

在教授物理概念时，应以下列方式遵循接受性原则。

一是要对学生有全面的认识，并从实践中加以指导。教学的出发点是学生的发展水平，是教师在教学之前，乃至在教学中都要全面认识学生的发展程度以及当前的知识与能力的现状。这是教育的基础，也是学生的知识增长和接受的起点。只有在学生发展的层次上，教学才能被人们所理解和接受。在心理学上有“最近发展区”这一概念，也就是说，教授的知识不能超出某个范围，如对力的教学，因为我们很难从力的解析中跳到重力、弹力、摩擦力等方面进行解析，因此，如果从力的解析中直接跳到对受力的分析，那么学生将难以接受。

二是要综合考虑学生认识发展的时代特征。随着科技的迅速发展，广播电视、报纸、书籍的广泛传播，学生在很小的时候就接收到了大量的信息，相对于以往的学生来说，他们在学习的过程中得到了许多新的知识。在这样的背景下，教师有必要为学生当前的认知发展程度设置一个指导参照点。

四、物理概念教学的基本功能

物理教学在实践中具有一定的应用价值，它使学生在任何时候都能用概念来分析和解决问题。

（一）提高学生的物理应用能力

物理概念的形成是学生在学习过程中逐步建立起来的基础物理认识和能力。这些概念帮助学生理解自然现象并解决实际问题。物理认识观可以通过学生对物质、运动和相互作用以及能量等方面的系统学习来形成。在学习过程中，学生会逐渐获得物理知识和基本认识，并能够将其中的核心概念和规律进行提炼和升华。具体来说，比如学生通过学习了解物质的基本特性、组成和变化等方面的知识，形成初步的物质观。对于运动和相互作用，学生通过学习关于物体运动规律、力的概念和作用力的原理等知识，建立初步的运动观和相互作用观。对于能量，学生通过学习了解能量的不同形式、转化和守恒等方面的知识，形成初步的能量观。

（二）激发学生的基本物理思维

思维能够对人的认识和能力产生能动的作用。思维是具有意识的人脑对客观事物间接的、概括的和能动的反映。物理思维是人脑对客观物理事物（包括物理对象、物理过程、物理现象、物理事实）的本质属性、内部规律和事物间相互联系进行抽象，形成间接的、概括的和能动的反映。思维形式有形象和抽象之分，对于物理思维而言，它是思维的具体化，因而同样具有这两种思维形式。形象思维建立在可感可知的事物之上，如感觉、记忆、图形、空间、想象等；而抽象思维是较高级别的思维形式，依赖于人的认知和能力，如分析、综合、演绎、归纳、推理等。

物理概念教学是要在教学中注重对学生物理思维的培养。根据初中物理的学科特点，物理思维包括意识、方法和能力三个方面，其中，物理意识是指：在物理学习与生活中，对于所遇到的现象和问题，能够有意识地从物理学的视角，自觉主动地运用物理学知识来分析和解决。物理方法即解决物理现象和问题的方法。物理方法分为显性和隐性两种，常见的控制变量法、转化法、模型法、极限法、数学分析法等属于显性物理方法。

在物理概念教学中，为了更直观地反映物理中某一现象或规律，通常会建立理想化的模型。这种模型，往往是在实际的物理过程或情境下，通过抓主要矛盾、忽略次要因素而建立的。

除学习中常见的显性方法外，物理学习中还会形成隐性的思维方法。例如，对液化、凝华现象，学生的思维路径是分析物质初态、相应条件、吸放热过程及物质末态，依照这样的思维路径解释相关现象。这就是隐性的思维方法，即思维习惯。

思维能力是学生分析和解决问题的基本能力，一般来说，思维能力表现在学生能够从定性和定量两个方面，采用多种方法，进行分析推理、归纳总结、得出结论、反馈评估、结论应用及拓展创新的系列过程。在此过程中，创新是思维能力的特殊要求，也是现代社会中人才所必备的能力。物理教师在实施物理概念教学的过程中，要有意识地培养学生独立思考的习惯，鼓励其敢于质疑，促使学生在提出问题、分析问题的过程中，获得能力的提升与创新思维的发展。

（三）发展学生的思维能力

概念是思维的一个单元。在教师的指导下，学生在掌握了物理概念之后，运用这些概念进行分析与求解，从而使他们的思考能力得到持续的发展。例如，断开的绝缘电线互相缠绕，而其他电气设备的电阻却没有接近零，这是怎么回事？两根电线重叠，为何使用者家里的熔断器会被烧毁，而其他使用者却没有受到任何影响？要想弄清楚电力系统中的故障原因，必须从实际出发，认真地考虑这些问题，搞清楚电力系统中的电阻率分布，从而认识主回路和分支电路的故障原因。完成这些问题的解决过程会使学生的思维得到全面发展。

（四）培养学生的劳动技能

通过实习、实地体验、实地考察等方式，把理论与实践相结合，可以使学生的劳动能力得到提高，使学生掌握工作技能。例如，当你去一个离心泵站时，你会发现，离心泵与地表面的距离一般不超过10米，一般为5~7米。怎么会这样？离心式水泵离开地面过高，空气中的气压会把水推向离心式泵壳体，使水泵的叶轮无法把水抬到更高的地方。在考虑了各种损耗后，离心泵的出口至地表面的间距通常为5~7米。这样，学生通过分析不同的现实问题，就可以使所学到的物理概念及知识更加巩固，并且能够提高工作的技能。

（五）提高学生学习物理的兴趣

学生的兴趣在大学物理概念教学中起着重要作用。物理概念的教学与学生的兴趣密切相关。一方面，学生对知识产生浓厚的兴趣；另一方面，他们也更加努力地对概念的物理含义加以了解和掌握。许多学生反映“物理难学”“学得乏味”，其根本原因在于没有很好地把握物理概念，不能融会贯通，遇到问题时不能通过物理知识进行解析和求解。“越是学习，越是困难”。关键是要把握好概念。如果教师的观念教育能取得成功，学生能够对物理概念进行区分与关联，则学生对物理定律的学习就会有牢固的基础，会将物理知识相互融合而不会被打断，从而让学生逐步形成完整的物理概念，让学生不再把物理学当成毫无意义的东西，反而会认为这是一个结构严密的科学系统。只有学生具备了这些观念，其知识才会更有条理，问题就会迎刃而解，学生学习的兴趣会增强，从而改善物理概念教学的品质。

例如，在生产和生活中，电磁感应现象是一种普遍存在的现象。许多电子设备，如发电机、电动机、变压器等，都产生电磁感应现象。虽然这些设备在表面上看起来有很大的差别，但只要有了“磁通量的变化率”这一概念，就能够对这种现象的实质加以把握，无论是对电磁感应的产生、感应电流的方向，还是对感应电位的大小，都能有一定的了解。用“磁通变化率”的概念来求解电磁感应问题，是研究电磁感应问题的出发点。掌握物理学的基本原理，有助于提高学生的解题能力，提高学生的学习兴趣。

（六）提高学生的实验探究能力

科学探究是学生通过学习所要达到的能力和要求，是物理教学的目标；而对于教师来说，科学探究又可作为专注于学生能力培养的一种重要的教学方式。物理是一门科学性与实践性较强的学科，因而科学探究是物理学习中必不可少的。作为物理概念的重要组成部分，科学探究在物理学习中发挥着重要作用，特别是在物理实验教学中。实验教学是被广泛运用于物理学科的一种教学方式。实验探究不仅能够帮助学生获取知识，掌握物理实验必备的操作技能，还能够发展学生的实验能力，对于提高学生的科学素养具有积极的促进作用。

在大学物理概念教学中，教师要有意识地引导学生独立完成设计实验、收集和分析实验数据等，通过培养学生的自主意识，锻炼学生的动手、动脑能力，从而提高学生的实验技能。同时，在实验过程中，教师还要培养学生的合作意识，让学生在实验探究的过程中学会与人合作，形成科学的合作精神，以及在收集和分析实验数据的过程中，形成严谨的科学态度。实验探究是科学探究的形式之一，是培养学生物理素养的重要途径。实验探究能力的形式与要求，是以科学探究为基础的。

因此，实验探究能力的基本要素也分为提出问题、猜想、设计实验、进行实验、分析论证、评估、交流与合作。即学生在教师的引导下，观察和分析实验现象，进而提出相应的问题，并根据所提问题展开合理的想象和推理，然后在教师的帮助下或是在与他人的合作下，设计科学的探究方案，选择并利用相应的实验器材进行实验操作，收集并准确记录数据，通过多种形式的辅助手段分析数据，进而总结归纳出结论，根据所得结论的精确与否，反思实验方案和过程，并提出有针对性的改进意见。

学生一旦掌握了物理探究的思维和方法，具备了一定的物理思维与能力，在解决物理以外的实际问题时只需要灵活变通，将物理思维和方法迁移至实际问题的解决中，便能够对问题做出正确的表述和理解，借助物理实验探究的一系列操作，实现问题的解决。这也是发展学生物理素养的体现。

第二节　大学物理概念教学的问题

一、教学脱离教材

教师要认真地对待教材，严格遵守教学大纲，最大限度地发挥教材的作用。但是，在当前的大学物理教学中，尤其是在物理概念教学中，有些教师直接、淡化或跳过了教材的内容。因此，他们不会在备课时认真地研读教材，而会花费很多时间去找参考书，用大量的问题来弥补，并找出一些棘手的问题。很多教师在准备考试时是马马虎虎的，只注意总结，经过简单的解释，就会转向练习。物理学家们的辛勤实验、严谨的逻辑思维以及极富创意的发现都未被纳入考试范围。学生在学习过程中会表现出消极的态度，不能发散物理思维。

教师教学不当，导致学生不重视教材，就算是一般的学生，也会觉得要把物理学好，需要大量的练习。这样的认知会让学生自发地去收集大量的习题，而实际上，就算他们可以做题，也会因为思维定式而止步于一些相似的问题。在这样的情况下，学生的做法也是一样的，因为他们的思维方式是一样的。甚至学生在做题的过程中不能真正弄清楚什么叫物理，当练习题稍作调整时，他们就会一筹莫展，所以对于教师来讲，在教学过程中必须注意到这个问题。

所以教师无视教材，让物理教学误入歧途，是错误的，会导致物理教学不能实现它应该实现的目标和任务。虽然教材看上去很普通，但它是实现系统性、高度思想性、科学性的教育目的的重要手段。物理教材提供的是观察、实验、思考、态度和科学方法的培养方式，以提高学生的思维能力、分析和解决问题的能力。如果教师不重视教材，而过多地关注问题的解决，则会事倍功半。

二、忽视学生的知识背景

大学物理教师常常忽视学生的知识背景和其理解的规律，特别是新入职的物理教师，他们常常责备学生，指责他们的错误，却不去想他们为何无法明白一些简单的问题，也没有想过自己的教导有没有问题。忽略学生的知识背景，一般有两种情况。

第一，一些教师在学生初学物理时，就低估了他们，觉得他们不懂物理，这是一种很大的误解。从建构论的观点来看，学生并非像教室里的一块白板，他们从一出生就在不断地探索、适应、丰富经验、形成特殊的认知方式。他们在遇到问题的时候，会根据以往的经验和自身的认识水平做出自己的解释和假定。所以，教师在开始上课前，一定要了解到学生目前的生活经历与课程的内容、学生的思想，以及他们所掌握的知识，不能轻视学生，也不能以简单机械的方式设计课程内容，要想方设法让学生学好物理理论。

第二，一些教师会对学生的物理知识基础予以人为地拔高或者夸大，一些教师总是一厢情愿地认为物理学起来比较容易，会以自己的标准来要求学生，这种情况一般在刚入职的教师身上表现得更为明显，他们总觉得在课堂上讲解物理太容易了。然而他们并不明白，他们这种看法是比较主观的，对学生而言不会有很大益处，反倒影响学生对于物理的认知，因为这些教师普遍觉得学习物理没有什么挑战性，归根结底是由于他们具备专业的知识背景。因此，他们必须纠正自己的想法，要多站在学生的角度去思考问题。

所以，大学物理教师必须充分了解和研究自己的学生。在任何情况下，教师不能为了自己的心理满足而忽视了学生的智力背景和认知模式。应该说，结合学生实际，提高物理概念的教学效果，是一个逐步加深学生对概念的理解的过程，从整体角度出发的教学是更适当的。

三、不够关注物理前概念的影响

在物理课上，经常会遇到这样的情况：学生们进入教室时，教师会给他们灌输所谓的“正确”或“科学”的概念，但这种概念对学生来说毫无意义，这些物理概念的真正含义很快就会被学生遗忘。

在实际教学中，通常会出现“前概念”对物理教学造成的干扰，极大地妨碍了学生的科学概念的形成，从而影响物理教学的质量。因此，人们通常会把注意力集中在其消极效应上，而忽视了其在物理概念教学中所起的推动作用。实际上，有了“前”这个概念，才会有正面的影响。

（一）物理前概念对物理学习的积极作用

学生对不同形式和层次的成见，其中许多是表面和非本质的，与科学知识相抵触。但是，教师不能忘记，学生总是按照自己的经验、从自己的角度出发，对世界进行看待和理解。那些经常被视为“难以理解”的表达方式反而可以对某些现象进行解释，指导学生的生活。“汽车必须拉动才能移动”“灯泡需要电才能亮”，此外，“水往低处流”和“在紧急情况下，当踩下刹车，人就会倾斜”，即使是那些从未进过教室的人也知道。用建构主义的话来说，这种“常识”是个人心理属性的一部分，是认识和理解生活中某些现象的宝贵工具。因此，教师不要简单地指责学生的先入为主，而是要认识到，先入为主并不是学生编造了概念，而是其理解事物的一种方式。

教学实践表明，很多陈旧的观念反倒是教师和学生的一种资源，应该把其当作“生长点”，让其从原来的观念中发展出新的科学观念。例如，“铁重于木材”是一种古代的“密度”概念；“在冬天，室外一块铁的温度比一块木头低”是一个古老的导热性概念；“汽车必须拉着才能移动”是一个古老的摩擦力概念。想象一下，一个对周围的物理世界没有了解的学生，对物质及其运动没有理解——根本没有前物理概念——他就不能和普通学生一起学习物理学。

所以，在物理课上，学生往往会在教师的指导下，根据所学到的知识，逐渐对新的物理概念加以理解。“功”是建立在“工作和劳动”的基础上的，热膨胀、热传导和物质状态改变的观念和法则也同样适用。热膨胀、热传导、状态改变等概念与规律，也是以原有的对有关热现象的了解为依据，并且在此知识层面的基础上形成的。

（二）物理前概念对物理学习的负面影响

在物理研究前，以事物的非基本性质来考虑问题，错误地理解前概念，又或者和其他概念混淆，那么会造成模糊不清或错误的成见，从而对物理的研究造成负面的影响。

例如，学生经常认为是力使物体移动，作用在物体上的力越大，其速度就越大。学生在一些“事实”的基础上获得这种经验，如当一个人推着汽车时，静止的汽车会移动，或者当一头牛拉着犁时，静止的犁会移动。这是因为学生在分析物体运动的原因时，只考虑了推和拉的因素，而忽略了阻力的因素。这些都会使学生产生错误的认识，也会让学生对物理知识和物理概念的学习产生偏差，所以学生对物理概念和物理知识的理解必须在教师的正确引导下进行。

这种误解可通过物理实验来克服，有些实验正确而完整地让学生重新观察了各种现象，并对其进行了彻底而深入的分析。这表明，不能把前物理学概念当作全对或全错，必须从多方面进行分析和处理。

四、物理概念教学不注意词语的运用

人们认为物理概念反映了一组物理现象的基本性质，是大脑对事物性质的反映，其需要通过语言加以表述，从而成为人类的一种认识。物理概念教学要在语言的调控下进行，语言是概念活动（信息）的表现方式，人们通过语言积累、储存、传递、发展和处理信息。

众所周知，物理现象千奇百怪，但用语言来表述的，只能是物理的性质、具体的物理定律、定义的词语等，但都会有一些偏颇。因此，在实际操作中，教师应该尽量减少教材中的词汇，以免学生在理解过程中对物理概念有片面性的理解或错误的理解。例如，“惯性”的概念，其主要是指当物体在保持匀速直线运动状态时，或者在静止状态时所产生的一种物理现象。物体不管是在动态还是静态的过程中，其性质都是一样的，都属于惯性。这也是在概念介绍过程中的最重要的部分。不难发现，物体无论是在静态还是在动态情况下惯性都是其固有的性质，也就是说每一种物体都有这种固有的性质。这种性质和物体运动与否没有任何关系，和物体有没有受力、有没有相互之间触碰都没有任何关系。因此，教师在进行物理概念讲解时需要进行详细说明，从而排除学生在概念理解上的困惑。

概念可以用文字表述，而词汇则是语言中表达概念的基本单位。词汇是一种语言的概念，每个词汇都有其特定的含义和用法，通过词汇的组合和搭配，人们可以表达复杂的思想和概念。概念的内涵是通过语言中的词汇来表达的，词汇是概念在语言中的具体体现。形式与内容是相互补充的，它们是一个整体的两个组成部分。如果将形式和内容割裂开来，那么很难对概念的内涵进行深入的理解和掌握。例如，重力这个词是用来定义物理概念的，它代表着宇宙中所有物体之间的一种基本的相互作用。如果学生只明白万有引力这个词的概念，而没有理解与之相关的其他概念，如重力加速度、重力势能等，那么他们很难对重力这个物理概念进行深入的理解和掌握。一个字可以代表不同的概念，同样的意思也可以用不同的字来表达。这是语言多样性和文化差异的体现，也说明了概念在不同的文化背景下可能会有不同的表述方式。

所以，在大学物理概念教学过程中，教师要尤其注意语言的表达，避免引起学生的误会。例如，关于物体引力势能的观点，其实只是一种习惯性的表达方式，并不具备科学性。在教学开始时，教师要着重指出物体的引力势能应当是物体与大地之间的势能。还有一些隐藏的情况，如同步卫星隐藏了“卫星围绕地球的角度和周期，与地球的角度和周期是一样的”，完全的弹性撞击隐藏了“没有能量损耗的撞击”。又如牛顿第一定律和惯性定律，一些教师在讲课的时候，并没有着重指出它们的不同和联系，常常造成学生无法深刻地了解其物理含义。因此，把学生的思想引导到词汇深层的物理含义上，是一项很有必要的工作。

五、割裂了形象思维与抽象思维的统一

抽象思维和形象思维是最根本的两种思维方式。物理学的概念应当是形象思维与抽象思维的有机结合。例如，在学习机械波的概念时，教师要让学生把平常所熟知的波浪、声波反射到大脑里，但不应该仅停留在这里。当然，这并不意味着抽象思维优于形象思维，在某些情况下，形象思维在理解概念方面可以发挥重要作用。

师生在大学物理概念教学中往往容易忽视对形象思维能力的培养，而过分注重对抽象思维能力的培养。这种倾向可能会导致学生在学习新概念的早期阶段无法充分理解物理概念的直观性，也无法将其转化为抽象的符号表征，最终形成不稳定的图像，影响了学生随后的知识保留。

在当前的大学物理概念教学中，对学生形象思维的培养远远不及对其抽象思维能力的培养，教师常常忽视形象思维、物理现象、物理实验等。只重视培养学生的抽象思维对于学生理解物理概念有很大的影响。

六、割裂了物理概念现象和本质的统一

从唯物辩证法的角度来看，物质世界是一个充满了矛盾的世界，这就是事物和事物之间的辩证统一。

物质性是一种可以被直观地感觉到的物理过程，而物理本质则是对同一事物的共同性质的抽象。在大学物理概念教学中，要把概念和现象有机地联系起来，即要充分地运用物理的联系，使学生能够充分地了解概念的本质，在物理学教育中，教师不仅要充分利用物理学与自然界的关系，引导学生发挥自发性，激发学生的思维，从现象中揭示本质，教师要充分利用人类认知概念的心理结构和原型，引导学生将概念与典型事例联系起来。

在唯物主义认识论的基础上，实践是知识的源泉。例如“惯性”概念教学，

教师在讲授之前，先以一两个与惯性相关的生活现象设疑，再结合“车辆突然发动，人会向后倒下”“车子突然停下来，人就会向前倾”，这就有助于学生对“两车追尾时，驾驶员的伤势有何区别”等问题进行说明。但是，在目前的阶段，一些教师对物理概念的教学还没有足够的重视。有的教师说了很多生活现象，很复杂，但是没有典型性，学生常常抓不住问题的关键，教师讲了一遍现象，却没有把它的实质说出来，也没有把它提升到理论的高度，导致了现象和理论的脱节。

有些教师在提出概念时，往往会进行一些细致的分析和解释，而不能很好地阐述从理论到实践的过程，学生看起来理解了，但他们并不能及时地将这些问题与现实联系起来，导致他们在遇到一些问题时，会感到束手无策。例如“电磁场”这个概念，教师一步一步地给学生讲解，让他们理解，但是在分析的时候，学生往往会忽略一些问题。

所以，在大学物理概念教学中，教师应该采取有效的方法，将抽象的概念与具体的事例相结合。通过这种方式，学生能够更好地理解物理概念的本质和应用，同时也能了解现实生活中的各种物理现象。无论是观察宏观世界中的天体运动还是探究微观世界中的粒子行为，都需要借助物理学的概念和理论来揭示其内在的规律和法则。同时，物理概念并不是凭空想象出来的，每一个物理概念都代表着一种客观存在，具有客观性。物理学的概念是连接事物与自然界的桥梁，是人们认识和把握物理学的基础。同时，物理概念也是发展辩证思维的基础。通过学习和理解物理概念，可以培养学生分析问题、解决问题的能力，使他们提高自身的辩证思维能力。

七、割裂了物理概念个性与共性的辩证统一

物理学概念的一般性质是指其所反映的对象具有的一般的物理性质和本质特性，也就是其意义。例如，重力是因为地球的引力作用在某个物体上，它的大小可以用 $G = mg$ 计算，即以垂直向下的方向计算；而弹力是由于物体的形变而产生的，其大小和形变量不定，如弹簧的弹力采用公式 $f = kx$ 来计算，不同的形变具有不同的指向性，所以针对不同的力，教师在教学中采用的评判方式也不相同。

关于物理概念，众所周知，其中有一定的矛盾性特征，而最普遍的矛盾体现在个性和共性之间的对立和统一，任何物理概念在其解释事物本质的过程中，都存在抽象性特征。站在某种角度来分析，物理概念的获得实际上是一种公共性对个性的否定，换句话说，在形成抽象思维的过程中，物理概念

之间会存在一定的不同，其共性和个性也会被相对分离，从这一点足以反映出思维对象在统一性和共性当中将所有的差异性和个性排除，然而从客观角度来看，在物理概念概括客观对象的过程中，既可以反映出同一性和共性，同时也可以反映出差异性和个性，所以需要在运用抽象思维思考的过程中，将其上升到一个新的层次，用辩证思维看待一切事物，分析其个性、共性、差异性、矛盾性等。凡是普遍的，都只能概括地包含所有的个体，而不可能把所有的个体都归入普遍的范畴，而共同特征仅仅包含了最基本和决定性的特征。

大学物理概念教学忽视了物理概念的普遍性与个性之间的辩证关系，一方面，物理概念的一般性、个性的隔离，使原本清晰的物理概念显得枯燥、抽象，学生对物理概念的理解还停留在表层，无法将已学到的物理概念与自己的知识体系相结合。不能对这些概念进行有效地吸收和适应，从而影响学生认知结构的发展与构建，导致物理概念的逻辑系统无法形成。另一方面，学生只能学习一部分被拆分的概念，不能对整个概念加以掌握，而且也没有充分掌握这个概念的整体应用，说明学生对于概念的理解还是一知半解的。

忽略了物理概念的通用性和个性之间的辩证关系，同时还忽略了物理概念的通用性和个性的差异。教学的基本目的应该是基于学生的未来，在具体的物理实践教学过程中，教师要教授学生知识与技能，以使学生完成对所学知识与技能的恰当迁移，从而促进其今后的学习与发展，学生得到更大的进步和提升，特别是在物理方面可以掌握更多的技能和知识。

在开展大学物理概念教学的过程中，学生通常会混淆很多物理概念，他们在对物理概念进行了解的过程中，不能将物理概念中的通用性和个性进行有机结合，最终导致在理解物理知识和物理概念的过程中容易出现错误，如在了解弹性的物理概念时，学生普遍认为当有弹性出现时，就说明有接触，这是力的共同特征。但是，他们并不清楚摩擦力和分子力也有不同于一般力的特性。

所以，在物理概念的通用性与个性的结合上，学生要清晰完整地掌握物理学概念，正确应用所学的知识，从而为未来的学习打下坚实的基础。

八、割裂了物理概念量与质的辩证统一

物理概念的性质就是它的物理性质，而物理概念的数目就是它的数学形态。物理概念和数学概念的区别是，它的发展是以打破观念和外界的关系为基础的，而自然科学理论的发展则以建立概念与外部世界的联系为前提，由

此就提出了自然科学理论是否与外部世界兼容的问题。

所以，物理概念是物理学的基础和核心，它们既与经验有关，也与物理理论的构建有关。在物理学中，在质量上和数量上的规定性的物理概念，也被称为物理量。物理量是自然和数学形式的统一，它们是对立统一的。物理概念不仅描述了自然的属性和规律，同时也反映了人类对自然界的认知和探究。在物理学中，物理概念是通过数学语言来表达的，这使得物理学的表达形式更加简洁、精确和普遍。在大学物理概念教学中，教会学生从概念的物理性质中把握数学形式是非常重要的。

对于物理量而言，一定的物理本质总是用一定的数学形式来表达，一定的数学形式也能够对一定的物理本质进行反映，然而，这两者之间并非单一的关系，相同的数学形式可以表达不同的物理本质，而不同的数学形式也能够对同一个物理本质进行表达。公式只是表达物理概念和原理的一种形式，其必须符合物理学意义上的约束条件所表达的物理本质，脱离了物理本质的数学公式只会出现纯粹的形式，其毫无实际意义可言。所以，在大学物理概念教学中，教师需要不断通过具体实例来指导学生对这些相同或不同形式的公式进行分析和比较，从而加强学生对物理量的形式和本质的比较。

由此可见，物理对象和物理过程可以包含在物理概念中，它们密切关系着所处的条件和环境，如果条件和环境发生了改变，对象和过程也会发生相应的改变。因此，与其笼统地说一个物体是一个弹簧、一个单摆、一个理想的电表等，不如强调和教授任何物体在什么条件下有什么概念属性。这是由概念的数量和质量的辩证性质决定的。

第三节　大学物理概念教学的改革策略

大学物理概念教学应该以学生为中心，以培养学生全面发展、提高全体学生的科学素养为目标，应在教学过程中实现立体教学的目标，注重教学方法的多样化和学习方式的多样化。所采用的教学方法策略，一般是指教师在宏观和微观上自觉地规划、评价和调控教学活动的各个要素，以达到最大的教育效益。有效的教学方案与教学方法是教师进行有效教学的前提，而且这二者缺一不可。

一、大学物理概念教学的一般过程

（一）深钻大纲和教材

大学物理概念教学一般要按照教材的内容进行。通常来讲，就是要理解教材中有关物理概念的宗旨和科学性，也就是要研究为何将其引入到物理学中，科学地表述物理概念在物理学中的地位与功能。

具体来讲，一是必须澄清物理概念（包括物理实验），也就是定义物理概念的基础；二是要决定哪些是由物理事实引起的问题，即有必要介绍一些有关的概念。三是进行研究的方式和具体方法。四是逐字审查概念的定义，使其充分、精确地阐明其物理含义，特别是要对其适用的条件进行阐明。同样重要的是，要决定物理概念的数量和单位。五是在教材中要清楚地阐明紧密关联的概念和概念与前、后概念之间的关系。教师清楚概念在教学中的位置，是重要的、关键的。理解教材中概念的广度与深度，并掌握其在教材中所占的比例。六是利用这些概念来分析和解答实际问题，如教授哪些范例和练习，说明哪些常见的现象，以及为了体现教学的课程特色而添加的问题。

（二）从具体实例出发引入概念

在大学物理概念教学中，概念导入是一项重要内容。物理概念是依据客观事实的，教师在讲授物理概念时，要尽量选取典型实验和例子，通过具体的例子和实验，让学生清楚地了解物理现象，教师的分析要揭示其本质，引导学生由感性到抽象。教师在此基础上，通过剖析和阐明物理现象的本质，使学生从具体的感性认知到抽象的理性认识，从而形成物理概念。

针对那些不能用实验方法介绍的概念，教师也可以用现实生活中的实际现象来进行推理和解释，如“量子”这个概念。在实际上课时，学生通常会对这个概念感到模糊，难以理解。因此，教师在介绍量子之前，应当先举出一些日常范例，让学生了解量子的本质，使他们更易于了解其概念。

（三）揭示概念的本质

感觉不到的事物，人们通常不能立刻理解它的意义。只有那些被了解的事物，才会被人们更深入地感知。教育实践证明，只有对一个概念深入了解了，学生才能牢牢地记住它。因此，教师要让学生对物理概念有所了解，让他们明白其中的实质。要想弄清概念的实质，有两个要点。首先，教师要引导学生正确地思考，正确地进行分析、比较、综合、归纳、抽象和推理。其次，教师必须准确地对概念进行界定。对一个概念的界定，是对这个概念所反映的事物提出最根本的条件，人们通过深刻理解某个概念，才可以真正对其本质含义有所理解，才可以对其做出准确的定义。

如果无法清楚地对某个物理概念的含义加以理解，就很难掌握并运用好这个物理概念。例如，学生有时会把加速度和速度混为一谈，错误地认为加速度是速度的增加，速度越大，加速度也越大；既然速度小，加速度也应该小；如果速度为零，加速度也为零；所有运动，不管快慢，加速度都为零。出现以上错误都是因为学生没有清晰地认识到加速度的物理意义，所以，教师不仅要讲授加速度，还要讲授“什么是加速度”。除了反复强调加速度的物理意义，解释它的定义和阐明其概念性质外，教师还需要列举更多的日常例子来帮助学生理解“速度改变”和“速度改变快慢”的含义。特别要重点说明的是，加速度是一种物理量，其反映了一个物体在变速过程中的速度变化，其与变化速度量和变化速度所花的时间的比率有关。在介绍了加速度的物理含义和表达方式后，为了让学生更好地理解，教师还要说明两者的联系，以此来帮助学生加深印象。

（四）联系实际，运用概念

将物理概念与实际问题相结合是大学物理概念教学改革的重要目标之一。通过将学习与现实生活联系起来，学生可以更好地理解和应用物理概念。当学生了解物理学在解决实际问题中的应用时，他们会对物理学产生更大的兴趣和动力。这种实践性的学习过程也可以激发学生的创造力和探索欲望。在应用新概念时，学生需要充分发挥自己的想象力和创造力。他们可以尝试将物理概念应用于解释自然界现象，或者设计和改进现有技术和设备。通过这种实践性的学习过程，学生可以拓宽自己的视野，培养独立思考和解决问题的能力。

（五）注意概念形成的阶段性，逐步深化

完整的物理概念通常不是一次就能深入、透彻、详尽地讲完的，要经历一个由浅入深、多次重复的过程，所以教师要根据学生的特点，采用线性和螺旋式上升相结合的课程结构，有一些非重点知识采用线性结构，如流体力学、状态变化和几何光学；有一些重点内容，如运动与力、功与能、电磁感应等，其结构是螺旋式上升的。

在物理学中，许多概念需要逐步加深理解，从简单到复杂，让学生能够逐渐掌握和理解。以“加速度”的概念为例，教师首先可以通过日常生活中的现象来引入这个概念。例如，可以让学生回忆当他们乘坐车辆加速时所感受到的“推背感”，或者在游乐场乘坐过山车时，车辆在弯道处的速度变化。

这些例子可以帮助学生初步理解加速度是描述物体速度变化快慢的物理量。接下来，教师可以在讨论牛顿第二定律时引入加速度的概念，可以让学生了解，物体的加速度与施加在物体上的合外力成正比，而与物体的质量成反比。这可以帮助学生理解加速度与物体所受合外力之间的关系。然后，可以进一步加深学生对加速度作为运动学基本概念的理解。可以通过一些实例来帮助学生更好地理解加速度的概念，如匀加速和匀减速运动、自由落体运动等。这些例子可以帮助学生更好地理解加速度的概念及其在运动学中的应用。

二、大学物理概念教学方式的创新

由于物理概念性质不同、思维方式不同、物理概念建立过程不同以及物理概念难易度不同，物理概念教学通常有抽象概括、演绎推理、实验探究、类比等效、比值定义等五种教学方式。教师在某一个概念教学中选择哪种教学方式来建立概念，必须综合考虑各类物理概念的内涵特点、学生的学习水平及学校实验设备条件等因素，从而采取恰当的教学策略。

（一）抽象概括

抽象概括教学方式：根据研究对象的特点，从教学目标的角度出发，撇开个别的非本质的因素，抽出主要的、本质的因素加以研究，并把一类物理事物共同的、本质的属性联合起来，从而建立一个轮廓清晰、主题突出的新的概念。这种教学方式主要应用于定性的概念，教学的关键是通过图片、实验、举例等方式展示多种本质属性相同或相似的感性材料，创设各种物理情境，通过对各种物理现象、过程的分析，抽出其共性，形成概念。例如，教师在讲光源时举例太阳、电灯、蜡烛、霓虹灯、萤火虫等物体能够发光，月亮、电影屏幕、玻璃幕墙等物体也能够发光。前者是自行发光，后者是反射光而不能自行发光。我们把能够自行发光的物体称为光源。通过举例找到本质的因素，就可以水到渠成地概括出“光源”的概念。

抽象概括教学方式也常常用在理想化概念的教学中，如在光线概念的教学中，教师在讲完光的直线传播的规律后，抽象出用一条直线表示一束光，用一个箭头表示光传播的方向，用一条带有箭头的直线表示光传播的路径和方向，这样的带箭头的直线就是“光线”。

（二）演绎推理

大学物理课程的新旧知识之间有非常密切的联系。演绎推理教学方式：从已有知识出发，以学生掌握的概念为前提，在旧知识的基础上通过逻辑关系和数学方法推导出新的概念和新的知识。这种教学方式常常用于定量的概念或前后联系紧密的概念教学，教学的关键是由旧引新、推陈出新，便于学生理解、掌握和不断深化概念。

（三）实验探究

实验探究教学方式：在教师的主体作用下，教师或学生通过动手实验经历与科学家进行科学探究时的类似过程，分析实验结果，得出实验结论，获得新知识。

完整的实验探究过程是：发现问题→选择课题→设计方案→动手实验→收集处理信息→研究讨论→解决问题。物理课程标准中将科学实验探究作为课程改革的突破口，特别强调科学探究在物理课程中的作用，在物理概念教学中应大力倡导部分或完整的探究性教学，让学生积极参与、乐于探究，挖掘学生的创新潜能、培养学生的创新能力。

（四）类比等效

类比等效教学方式：在教学中，将已知的物理概念与未知的物理现象进行比较，可以帮助学生建立新知识与旧知识之间的联系，从而推测未知物理现象的某些特性。

首先，通过将已知的物理概念和未知的物理现象进行对比，找出它们的共同点、相似点或相联系的地方。这可以通过将已知的规律、原理、模型等与未知现象进行对比来实现。例如，如果学生已经学习了牛顿第二定律，可以将已知的力和物体加速度的关系与未知的物理现象进行比较，找到它们的共同点。

接下来，基于已知概念的特性，推测未知物理现象可能具有的某些特性。这可以通过逻辑推理和假设来实现。利用已知的物理概念，学生可以推测未知物理现象可能遵循的规律、产生的效应等。例如，通过已知的电磁感应原理，可以推测未知的电磁现象可能会产生感应电流。在这个过程中，教师可以引导学生思考，提出问题，激发学生的好奇心和探究的动力。同时，教师可以提供一些实例和案例，帮助学生理解和应用已知的物理概念来解释未知的物理现象。

（五）比值定义

比值法是物理学中常用的方法之一，用于定义物质属性、特征或物理运动特征。

密度是一个通过比值法定义的物理概念。它的定义为物体的质量与体积的比值。即密度＝质量 / 体积。通过这个比值，可以描述物体的紧密程度或分子的紧密度。

压强也是通过比值法定义的物理概念。它的定义为应力与单位面积的比值。压强＝应力 / 面积。通过这个比值，可以描述在物体表面上施加的力的集中程度。

速度是通过比值法定义的物理概念。它定的义为物体在单位时间内移动的距离。速度＝距离 / 时间。通过这个比值，可以描述物体在单位时间内的位置变化。

三、大学物理概念教学的创新模式

常见的大学物理概念教学模式有以下几种。

（一）“子概念—概念”模式

“子概念—概念”教学模式在物理教学中是非常重要的，它强调了概念之间的内在联系和相互引导，有助于学生更好地理解和掌握物理知识。通过牢牢抓住子概念进行教学，并由子概念引出新概念，可以帮助学生建立扎实的物理概念体系。这种教学模式有助于激发学生的学习兴趣，提高他们对物理知识的理解和运用能力。同时，也有助于加深学生对物理概念之间关联性的认识，促进他们对物理学科整体的理解和把握。因此，在大学物理概念教学中，采用“子概念—概念”教学模式可以为学生打下坚实的物理基础，促进他们在物理学习中的全面发展。

（二）“理论—生成”模式

“理论—生成”教学模式是一种注重理论和逻辑推导的教学方法，在物理教学中具有重要意义。这种教学模式强调了物理量之间的内在联系和逻辑性，通过已知的理论模型自然生成新的概念，使学生能够更深入地理解物理规律和概念的生成过程。这种教学模式能够帮助学生开阔思维，培养逻辑推理和理论推导的能力，促进他们对物理学科的全面理解。例如，通过对动能定理、冲量、动量、重力势能、弹性势能等概念的掌握，学生可以直观地感受到物理量之间的内在联系，从而更好地理解和应用这些概念。

（三）“实验—探究”模式

通过“实验—探究”教学模式，学生可以亲身参与到物理现象的观察和测量中，从而更好地理解物理概念和规律。对于那些可以通过测量进行定义的物理量，如密度、压强、电阻、折射率等，通过实验测量和探究，学生可以从定性到定量地认识这些物理量，加深对它们的理解。这种教学模式不仅能够提高学生的实验操作能力，还能培养学生独立思考、提出问题和解决问题的能力。同时，通过实验和探究，学生能够更直观地感受到物理规律和原理，增强对物理学科的兴趣和认识。因此，“实验—探究”教学模式在物理教学中具有重要的作用，有助于激发学生学习的兴趣，提高他们的实践能力和理论水平。

（四）“类比—迁移”模式

“类比—迁移”教学模式在教学中也是很常见的。对于一些物理量，尽管它们是通过另外两个物理量的比值来定义的，但由于另外的两个物理量并不容易被直接测量，因此采用“类比—迁移”教学模式更为适合。在这种教学模式下，教师会通过类比的方式引出这些物理量的概念，并与学生生活中常见的现象或者其他物理量进行联系，从而帮助学生理解这些抽象的物理概念。

在大学物理概念教学中，利用“类比—迁移”的方法可以帮助学生建立对抽象物理概念的认识，并将其应用到新的问题中。这种创造性思维方式可以丰富学生的学习体验，激发他们的兴趣，同时也促进了学生对物理概念的深入理解和应用。因此，“类比—迁移”模式在大学物理概念教学中的独特作用得到了广泛的认可。

（五）“甄别—归纳”模式

有些概念，如瞬时速度、加速度、失重、浮力、向心力、功、热量、波速、交流电的有效值、磁通量等，引入后容易使学生在理解上出现偏差，这种偏差表现在三个方面：①前概念造成的干扰，学生容易将新概念与学过的某些概念混淆，或因与日常生活的经验冲突，对概念形成认识上的错觉；②因为学生暂时不知道引入某个概念的目的是什么，或对概念的产生感到突然；③教材中没有对概念给出严格的定义，只对它进行了一般性描述。在遇到上述这样的概念时，可以用“甄别—归纳”模式来教学。

“甄别—归纳”教学模式的应用十分普遍，事实上人类认识事物的能力就是从不断地甄别和归纳中发展的。

（六）“目标—诊断”模式

这种模式适合于：①概念的复习教学；②衔接教学；③以学生自学、小组合作学习为主的教学。教师通过这种模式的教学能直接抓住概念的“要害”，引导学生从不同角度来理解同一概念。

第四章　大学物理实验教学的改革

随着社会的高速发展和科技的飞速进步，大学物理实验教学作为培养学生科学精神、实践能力和创新思维的重要途径，也面临着前所未有的挑战和机遇。然而长期以来，传统的大学物理实验教学模式在激发学生兴趣、提升实践能力、培养科学研究意识等方面存在一定的不足。因此，大学物理实验教学亟须改革。本章围绕大学物理实验教学的内涵、大学物理实验教学的历史、大学物理实验教学的改革策略等内容展开研究。

第一节　大学物理实验教学的内涵

实验既是物理学不可分割的重要环节，也是研究物理学的重要方法。大学物理实验教学以其直观具体、形象生动的教学形式与学生的心理特点和认知规律相契合。新奇有趣的演示实验可以激发学生的学习兴趣，通过实验还可以培养学生的观察能力；分组实验不仅使学生的动手机会大大增加，而且也在一定程度上使学生学习的主动性得到了增强，学生通过亲自做实验，可以更好地体会“发现”和“获得成功”的快乐，在分组实验中，学生之间需要配合、讨论、争议、融合，所以实验又可以增强学生的勇气、信心、意志，培养学生的合作精神；自制教具是对实验教学的有效补充，在自制教具的过程中可以培养学生的动手能力和创造能力。另外，通过物理综合实践活动，可以实现从生活走向物理、从物理走向社会的课程理念，培养学生的科学探究能力与创造能力。总之，实验教学是其他教学手段所无法取代的。

一、实验与实验教学

（一）实验的含义与特点

1.实验的含义

实验是按照一定的目的、运用必要的手段，在人工控制的条件下观察研究事物本质和规律的一种实践活动。实验可分为科学实验和教学实验。

科学实验，是指科学家以探索未知世界为实验目的，经过反复设计并付诸实践的探索自然规律的活动。其特点是能够对科学现象进行纯化、简化、强化和再现，延缓或加速自然现象的形成过程，为理论概括准备充分可靠的客观依据，使得认识周期大大缩短。

教学实验是教师和学生学习科学知识和验证科学规律的重要方法之一。它通过人为地复制和调控物质的运动状态和过程，来实现对科学现象和规律的观察、实验和验证。教学实验的过程可以理解为对科学家成功的科学实验的提取、浓缩，并复制和控制其状态和过程。通过这种方式，教师可以将复杂的科学实验进行简化和精炼，以满足学生的学习需求和时间限制。对于教学实验，通常会缩短实验时间、减少实验条件和调整实验参数，使得学生在较短的时间内能够观察和理解科学现象，并对科学规律进行验证。

2.实验的特点

第一，学习主体的主动性。学生独立地自主设计、实施实验的全过程，学生取得了实验的控制权，实验基本按照学生自己的意志进行，体现了学生的主体作用和主动性。

第二，结论的可计量性与客观性。学生亲身参与了实验的全过程，观察的现象和记录的数据都是可靠的、客观存在的，学生分析、计算得出的结论是可以被计量的，体现了科学方法最基本的要求之一是定量分析。学生做实验的结论是通过以仪器为客观条件的实践活动得出的，不以人的意志为转移，在同一环境和条件下，学生通过实验得出的结论基本一致，体现了科学方法最基本的要求之一是客观性。

第三，过程的可重复性。根据需要，可重复实验的某一过程或全过程。

第四，实验内容和结论的连续性。什么样的内容必然产生什么样的结论，实验存在确定的因果关系。

（二）实验教学的含义与特点

1.实验教学的含义

实验教学，是通过观察和实验，进行科学知识学习、技能训练、实践能力和创造精神培养的教学形式。实验教学在物理学习中起着非常重要的作用。通过实验教学，学生可以亲自实践，通过观察和实验获取知识和技能。实验教学不仅能够帮助学生深入理解物理概念和原理，还能培养学生的实践能力、创造力和解决问题的能力。实验教学有助于学生发展科学探究的能力，通过操作实验仪器、记录实验数据和分析实验结果，学生可以培养观察、实验设计和数据处理等科学探究的技能。同时，实验教学还能够培养学生的实践能力，让学生学会运用物理知识解决实际问题。

此外，实验教学还能够培养学生的合作精神和团队意识。在实验过程中，学生需要与同伴合作，共同设计实验方案、进行数据分析和讨论。通过合作实验，学生可以培养团队合作、沟通协作和解决问题的能力。

2.实验教学的特点

（1）实践性

实验教学可以帮助学生将课堂上所学的知识及理论转化为实际操作，从而加深他们对知识的理解和掌握。通过实践活动，学生可以更深入地思考问题、解决问题，并提高实际操作能力和创新意识。实验教学能够激发学生的学习兴趣，增强他们的学习动力，提高他们的学习效果。

（2）主体性

实验教学突出了学生的主体地位，引导学生主动参与实践活动，充分发挥他们的主体性和能动性。通过实验教学，学生可以在实践中主动探索、发现和解决问题，提高自主学习、合作学习和批判性思维能力，并在实践中形成自己独特的认识和观点，促进全面发展。

（3）直观性

通过实验操作，学生可以直接地观察到相关的现象与数据，便于学生从感性思维向理性思维过渡，便于保持学生对物理现象的好奇及浓厚的学习兴趣，便于培养学生的创造性思维。

（4）统一性

在实施实验教学的过程中，学生通过观察演示实验，自己动手操作实验，既要动脑，又要动手，这表现了知识与技能、过程与方法、情感态度与价值观的统一性。

实验教学总的目标体系可分为目标的认识体系、目标的技能训练体系、目标的方法论体系、目标的思维能力体系、目标的品质培养体系和目标的习惯体系等。

为了实现实验教学的目的，教师必须明确实验教学的教学任务，即让学生获得和巩固相关的科学知识，并掌握测量、鉴别、采集等基本实验手段；明确运用实验手段进行探索和研究问题的基本程序；让学生学会选择和使用教学仪器，组成实验装置进行实验；让学生掌握实验操作的基本技能和技巧。

让学生对科学方法有全面的认识，学会使用观察法、实验法、取样法、测量法、图表法、统计法等基本实验方法；让学生可以按照要求正确地完成实验操作，仔细地观察实验现象及其变化，正确地分析和处理所得的结果，并能运用现代信息技术手段对各种信息进行获取、分析、组织和使用；让学生了解并能运用有效数字和误差理论的知识处理数据。

让学生养成良好的习惯和严谨求实的科学态度；让学生懂得科学对社会发展的作用，培养学生追求真理的科学精神和价值观念；让学生了解科学发明、科学发展史及现代科学发展前景，树立远大的理想；让学生通过合作学习，树立集体意识和团队观念。

让学生感受探究情境和实验的乐趣，激发其释疑、求知的欲望，让学生通过评价活动，健全实验意识，树立主动发展观念。

二、大学物理实验教学的原则

（一）明理性原则

明理性原则，是在物理实验教学中教师要说明理由，讲明道理，使学生在明白道理的基础上去做实验。教师不仅要使学生知其然，而且要使学生知其所以然；不但要讲清为什么，还要讲清如何做，做了有什么用。

（二）稳定性原则

很多时候物理实验不是一次性的演示，需要有一定的可重复性。如果教师在重复操作时不成功或者误差较大，容易让学生对物理实验产生怀疑，因此教师务必掌握一定的技巧，并使用合适的实验装置。例如，为讲解运动的独立性，教师需要可供重复使用且不易出现较大误差的装置。

（三）合理性原则

实验是科学研究的重要方法之一，通过实验可以验证理论假设、探究物质性质和规律，从而推动科学发展。在物理实验设计中，教师需要遵循科学的原理和方法，确保实验的可靠性和准确性。

首先，在物理实验设计中要遵循科学的原理。选择合适的实验原理和规律作为研究对象，明确实验的目的和假设，确保实验设计的科学性和可操作性。例如，在研究光的折射定律时，教师需要理解光的传播特性和折射规律，才能设计出合适的实验方案。

其次，在物理实验设计中要合理地选择实验装置。实验装置应能够准确地模拟研究对象，并具备操作方便、可调节与控制的特点。合理选择实验装置能够大大提高实验的精确性和可重复性。例如，在研究物体密度时，学生可以选择使用容器、天平等装置来测量物体的质量和体积，以计算物体的密度。

另外，实验操作程序和方法也要正确。实验操作程序应清晰明了，每个步骤要按照逻辑顺序进行，确保实验的可重复性。实验方法要科学合理，能够使实验数据准确、可靠。例如，在进行电导率实验时，学生需要正确连接电路、选择适当的电压和电流测量仪器，进行精确的电流和电压测量，以得到准确的实验结果。

最后，物理实验的全过程要具备科学性和合理性。在实验设计和执行过程中师生要考虑到实验的可行性和安全性，遵守实验操作的规范和要求。教师既要关注学生的实验技能培养，也要培养学生的科学思维方法，引导学生进行科学观察和记录，提高学生的科学素养。

（四）主体性原则

主体性原则是指在物理实验教学过程中要充分重视学生的主体地位，充分发挥学生非智力心理因素的动力作用和智力因素的操作能力，使学生的心理结构的系统功能得到充分发挥，并在物理实验教学的过程中得到发展。

（五）目标性原则

教师在每个物理实验中都要设立明确的目标，包括知识与技能、过程与方法、情感态度与价值观三个方面。具体到每个探究实验，目标可能会有所不同。只有当确定了物理实验的目标，探究才能有正确的方向，学生才能在面对困难和挫折时坚持下去，并更深刻地体会到探究过程的艰辛和乐趣。

（六）规范性原则

不管是学生实验还是教师演示实验，必须按照规范的步骤和要求操作。例如，实验仪器介绍、实验装置介绍、实验操作过程、实验现象观察、实验结论、实验误差分析，这些步骤如果紊乱，则不利于实验效果，也不利于学生物理核心素养的培养。

（七）趣味性原则

教师对探究实验的设计要充分考虑学生的心理特点和认知水平，实验设计要生动、有趣。物理实验要探究的问题应尽量贴近学生的实际生活，物理实验的验证和猜想应尽量符合学生的思维和想象能力，物理实验的设计和操作应该对学生具有一定的吸引力，整个过程能使学生感受到物理实验带来的成就感，使学生在进行物理实验探究时，自始至终保持较大的兴趣。

（八）科学性原则

物理实验要能正确地展示物理现象、物理规律，师生必须有深入的理论分析，全面考察各种误差带来的影响。例如，在验证动量守恒定律时采用碰撞后的平抛运动，因为小球滚动过程中自身的转动对物理实验带来的影响还是比较大的，所以物理实验的设计一般不采用这种方案。

（九）全面发展原则

大学物理实验教学不仅关注对学生的技能的培养，还要关注学生的非智力因素和综合能力的发展。大学物理实验教学可以通过培养学生的观察能力、思维能力和实践操作能力，激发学生的学习兴趣，让学生能够主动思考、质疑和探究问题，培养学生的创造精神与创造能力。大学物理实验教学也可以培养学生的沟通合作能力、实践探究能力和解决问题的能力，使学生能够独立思考、合作探究，从而提高学生的综合素质。通过物理实验教学，还能够使学生树立正确的世界观和价值观，促进其全面发展。

（十）简约性原则

简约性在物理实验设计中是非常重要的。简单的实验方法和设备以及简化的实验步骤可以帮助学生集中精力于实验目标，避免不必要的干扰。这种简约的实验设计可以减轻学生的负担，降低操作难度，并使实验更具效率和可行性。同时，简约的实验设计也有助于培养学生的实验思维和解决问题的能力。综合而言，简约性有助于提升学生的实验体验和学习效果。

（十一）情感性原则

在大学物理实验教学中，教师要注重情感的运用和对学生心灵的激励。教师可以通过与学生建立良好的师生关系，及时给予肯定和鼓励，激发学生的学习热情和积极性。教师还可以运用故事、案例等方式，引发学生的情感共鸣，帮助学生更好地理解和接受知识，并与之产生情感联系。在巡回指导过程中，教师还可以关注学生的情绪变化，及时给予情感上的支持和关怀，帮助学生克服学习中遇到的困难和挫折，激发学生的学习动力。教师还可以通过赞赏、激励等方式，提高学生的自信心，激发学生学习的内在动机，促进学生的学习成长。

（十二）可视性原则

物理实验演示必须让所有学生看得清楚，教具就要大，摆放要高，光照要充分，并有必要的板书说明。例如，做电磁感应实验时，如果电表比较小，其指针就更难被看清楚，这时候就需要用大一些的电表替代等①。

---

① 黄杰．提高初中物理演示实验效果的几点思考[J]．理科考试研究，2014，21（12）：59-60.

（十三）互动性原则

在教学中，存在师生间、生生间的交往。交往的基本属性是互动性和互惠性。信息交流实现了师生互动、相互沟通、相互影响、相互补充，从而实现了共识、共享、共进。探究实验过程也一样，教师要与学生始终保持互动，问题的提出、问题的猜想、实验方案的设计、实验结果的处理等都需要教师对学生进行启发与引导。学生与学生之间也要进行互动，交流和分享物理实验过程中的一些想法和成果，共同思考解决实验过程中的一些困难。

（十四）立体性原则

大学物理实验教学要和家庭、社会密切配合，在进行演示实验、学生实验、课外实验时师生要协同作战，对学生的学习形成立体交叉的信息网络。首先，学校可以为学生提供基本的实验设备和资源，让学生能够在校内进行实验。其次，学校和家长可以共同努力，鼓励学生在家中进行一些简单的实验，如开展家庭物理实验课程或者为学生提供实验材料和指导。此外，学校和社区可以合作建立实验室，让学生能够到实验室进行更复杂和深入的实验。

三、大学物理实验教学的分类

（一）验证性实验教学

验证性实验是针对科学假说，为检验其是否正确而设计的一类证实性实验。这类实验大多有明确的探究对象和理论设计依据，通常采用可靠的实验方法来对假设进行检验。在大学物理实验教学中进行验证性实验的目的就是证实已学的某些科学事实、现象、科学概念、科学定律和科学原理。通常教师提供固定的仪器、设备、材料等，实验中有明确的实验步骤、操作规程、实验现象和结果、注意事项等。验证性实验的研究对象是已知的，结论在前，实验在后，规范的实验操作对学生实验技能的培养、实验知识的掌握和严谨的科学态度有积极的促进作用。

（二）探究性实验教学

探究性实验是用一定的实验手段和方法来探索未知事物或现象的内在性质或规律，其特点是研究对象不为人所了解，实验的结果具有发现性和探索性。在物理教学中，探究性实验是指在教师的指导下，学生作为新知识的探索者和发现者，运用已学知识和技能，在物理实验中亲身体验发现问题、探索问题和解决问题的过程。在这种实验中，学生需要运用自己已有的知识和技能，通过观察、记录、分析数据等手段，去推测、验证和解释新的事物或现象，从而深入理解物理规律和原理。探究性实验集知识学习、技能训练和科学能力培养于一体，它不仅可以激发学生对所学知识的兴趣，还可以培养学生观察问题、分析问题、解决问题的能力，在很大程度上有利于对学生的创新精神、逻辑思维及创造思维能力、实践能力的培养。

（三）测定性实验教学

在物理学的发展中，一部分实验是围绕常数测定进行的。物质常数和基本物理常数在物理学中扮演着重要的角色。物质常数在一定条件下会随某一因素的变化而发生变化，通过对物质常数的测量，可以了解物质在特定条件下的行为和特性，这对于研究和应用物质具有重要意义。而基本物理常数则是描述自然界基本规律的参数，如引力、光速、电荷等。这些常数的测定对于验证理论、推动科学进步以及发展新的技术应用都具有十分重要的作用。

四、大学物理实验教学的作用

物理学是一门基于实验的科学。物理规律的发现、物理理论的建立均来自严谨的科学实验，并得到实验的检验。例如，光的干涉实验使光的波动学说得以确立；赫兹的电磁波实验使英国物理学家詹姆斯·克拉克·麦克斯韦（James Clerk Maxwell）提出的电磁理论获得普遍承认；在 α 粒子散射实验的基础上，新西兰物理学家欧内斯特·卢瑟福（Ernest Rutherford）提出原子核型结构；清华大学高等研究院名誉院长杨振宁、美籍华裔科学家李政道于 1956 年提出了弱相互作用下宇称不守恒理论，其经过实验物理学家吴健雄用实验验证后才被同行学者承认。实践证明，物理实验是物理学发展的动力。在物理学的发展进程中，物理实验和物理理论始终是相互促进、相互制约、共同发展的。

大学物理实验不是简单地重复前人已经做过的实验，而是汲取其中的物理思想，卓越的实验设计、巧妙的物理构思、高超的测量技术、精心的数据处理。精辟的分析方法为人们展示了极其丰富的物理思想和科学方法，这已成为人类伟大思想宝库中的重要组成部分。

实践证明，实验是人们认识自然和改造客观世界的基本手段。科学技术越进步，科学实验就显得越重要，任何一种新技术、新材料、新工艺、新产品都必须通过实验才能获得。所以，对于理工科的学生来说，通过物理实验所获得的技能和知识是必不可少的。

物理学的主要概念与规律大部分是建立在实验的基础上的，因此大学物理实验教学是大学物理教学的主要形式，它在指导学生学习物理方面有着不可替代的作用，对学生能力的培养有着重要的意义与作用。

（一）有利于学生掌握物理知识

许多物理概念和规律是从大量的具体事例中总结出来的，在教学中，教师必须重视感性认识，使学生通过物理现象、过程获得必要的感性认识，这是形成概念、掌握规律的基础[①]。

实验可以提供一种创造性的环境，用于研究物理现象和规律。实验可以提供一个特定的环境，其中包括控制因素和排除干扰因素。通过对实验环境的准确控制，学生可以更好地观察和研究物理现象。

实验可以激发学生的探究欲望。新奇有趣的演示实验，不仅可以展示奇妙的物理现象，还可以满足学生的好奇心，激发他们的探究欲望。例如，在证明大气压存在的教学中，教师演示“瓶吞鸡蛋”与“瓶吐鸡蛋”两个实验，面对眼前神奇的现象，学生的注意力会被立刻吸引过来，这不仅满足了他们的好奇心，更提起了他们探究其中原理的兴趣。

（二）有利于激发学生的好奇心

物理实验具有真实、形象、生动的特点。大学生动手实验时其注意力高度集中，新奇的实验现象常常出乎他们的意料，使他们兴趣盎然，容易唤起他们的好奇心，激发他们的求知欲望。物理实验是一种有目的的操作行为，学生在观察的基础上，很自然地会产生一种自己动手操作的欲望。学生自己动手实验，有利于激发学生主动学习的欲望，学生变被动接受知识为主动获取知识，这样对学生个性的发展具有不可替代的作用。

（三）有利于提高学生的科学素养

大学物理实验教学在培养学生科学态度和实践能力方面有着独特的作用。通过实验，学生可以亲自动手进行观察和实践，从而提高他们的动手能力和观察能力。同时，物理实验还能帮助培养学生严谨细致的工作作风，因为实验要求学生按照一定的步骤进行操作，保证实验结果的准确性和可靠性。在物理实验过程中，学生还需要思考实验原理和流程，这可以培养他们的科学思维和解决问题的能力。学生需要通过分析实验结果得出结论，从而形成正确的观点和观念。这些非智力因素的培养对学生的综合素质发展非常重要。此外，大学物理实验教学还能激发学生的学习兴趣和求知欲。通过亲自参与实验，学生可以更深入地理解物理知识，从而增加他们学习的动力。大学物

---

① 王鸿雁．浅谈初中物理概念教学[J]．课程教育研究，2012（17）：103.

理实验教学还有助于培养学生的探索精神和创新能力，激发他们对科学的热爱和兴趣。

五、大学物理实验教学的任务

按照《高等学校工科本科物理实验课程教学基本要求》，大学物理实验课程的教学任务是：使学生在物理实验的基础上，按照循序渐进的原则学习物理实验知识和方法，得到实验技能的训练，从而初步了解科学实验的主要过程和基本方法，为今后的学习和工作奠定良好的实验基础。具体表现在以下几方面。

①通过对物理实验现象的观察、测量和分析，学习物理实验知识，加深学生对物理学原理的理解和记忆。

②培养学生独立进行科学实验的能力。例如，通过课前阅读教材或资料准备实验，可以培养学生的自学能力；通过实验操作可以培养学生理论联系实际的动手能力；通过观察、分析现象，可以培养学生的思维判断能力；通过正确处理实验数据、撰写合格的实验报告，可以培养学生的科研总结能力；通过灵活运用已有知识进行实验设计，可以培养学生的创新能力等。

③培养学生严肃认真的工作作风、实事求是的科学态度、良好的实验习惯，以及遵纪守法、爱护公共财物的优良品德。

六、大学物理实验教学的方法

物理教育的任务，一类是物理学知识体系，即学习物理知识和运用物理知识去分析、解决物理问题；另一类是观念和方法。大学物理实验主要包括验证性实验（再现物理现象）和探索性实验（探求物理规律）。进行各类物理实验均需使用一定的科学方法，在实验教学过程中，物理实验中的科学方法是物理实验教学技能训练的重要目标和内容。在大学物理实验教学中，常见的科学方法如下。

（一）观察法

观察是物理实验方法中有目的、有计划且比较持久的感知活动，是学生获得感性认识的条件。在对物理实验的观察中，学生常用的是视觉和听觉，有时还会运用触觉和味觉。

物理观察法的步骤是：①确定用物理观察法的目的、对象和内容；②选择、调整观察法；③进行观察记录；④提出疑问或新的观察计划。

据此，将物理观察能力分成五个基本层次：①对学习物理知识时用到的器具的观察；②对物理现象和物理过程的观察；③养成自觉观察物理现象的习惯；④在物理观察中提出疑问；⑤制订物理观察计划，表达观察结论。所以，在大学物理实验教学中，教师要注意引导学生观察实验仪器，引导学生养成观察的意识，使学生能对物理现象以及数据、图表、图像的变化提出问题，能相互交流、表达观察的结论。

（二）控制变量法

控制变量法是物理实验中常用的研究方法，其特点是：当被研究的物理量与多个因素有关时，控制其他因素相同，仅研究物理量与一个因素的关系。例如，在研究压力作用效果与哪些因素有关的实验中，先保持受力面积相同，再研究压力改变、压力作用效果的变化；然后，保持压力不变，研究受力面积改变、压力作用效果的变化；最后，通过分析实验现象，得出压力作用效果、压力大小及受力面积之间的关系。除上述实验外，还有研究浮力与哪些因素有关、电流、电压及电阻的关系等实验。

（三）放大法

在大学物理实验教学中，教师为了更好、更方便地对实验中的一些微小量进行测量与显示，有时需要适当地放大一些量。放大法有机械放大法、电学放大法和光学放大法等，通常被运用在力学、热学、电学、光学等相关实验中。螺旋测微计就是利用机械放大的方法，通过由较大周长的可动刻度盘显示微小长度。对于一些微小电流（或是微弱电动势），我们可以通过光放大式低电阻检流计来放大显示。在光学放大法中人们常用平面镜、凹面镜、放大镜、显微镜、幻灯片、投影仪、望远镜等来展示微小物理量或细微变化。

（四）比较法

比较法在物理学中是非常常见和重要的。通过比较不同物理现象和过程之间的差异和共同点，可以帮助学生更好地理解和抽象概括物理规律，深化其对自然界的认识。大学物理实验中对长度、质量、时间、温度等物理量的测量，以及对事物进行定性鉴别和定量分析时，用的都是比较法。

（五）替代法

替代法：可以通过引入可测量或易测量的物理量来间接测量原本难以准确测定的物理量。用这种方法能够克服测量困难，使得不可感知或变化微小的物理现象能够通过直接测量的手段被观察和量化。例如，如果想要测量电流的大小，可以通过测量通过导线的电压差和电阻的阻值来计算得到。测量电压差和阻值较为容易，因此通过这种替代法就能够得到电流的近似值。此外，替代法还可以将变化微小的物理现象放大，增加其可见度。一般来讲，可以将替代法分为现象替代、等效替代和等值替代等。

①现象替代，即用某些容易显示的现象代替不容易显示的现象。

②等效替代，即用效果相同的容易观察测量的量代替不容易观察测量的量。

③等值替代，即用已知量代替待测量，当外界条件完全相同时它们是等值的。

（六）转换法

对于某些不容易直接测量的物理量，人们在实验中常借助于力、热、电、光之间的转换关系，用某些能直接测量的量来代替。例如，把用油膜法估测分子的直径转换为测量油膜的面积，电磁铁磁性的强弱可以用吸引大头针的多少来反映。传感器是应用转换法的常用器件。

（七）科学推理法

科学推理法即实验加推理法，或称理想实验法。真实实验是通过实际测量和观察来验证物理概念和规律的有效性的过程，它提供了直接的实证数据，可以用来验证理论和模型的准确性。因此，真实实验可以被认为是检验物理概念和规律正确性的标准。而理想实验则是一种概念上的实验，通常用来推断物理定律或验证理论，理想实验依赖于真实实验。虽然理想实验可能在现实中无法完全实现，但它对于理论建构和推导物理定律有着重要的意义。理想实验可以帮助科学家理清思路、提出假设以及设计真实实验。

（八）累积法

在物理实验中，对于一些微小量的测量，很难在现有仪器的精确度内测准，这时可以通过积累这些微小量，然后求平均值以减小误差。例如，测量均匀细金属丝的直径，可以用密绕多匝的方法增加测量长度，从而减小单次测量可能存在的误差。而在分析打点计时器打出的纸带时，隔几个点进行计数并求平均值可以减小由于人为计数或设备引起的误差。

（九）模拟法

有时候由于物理现象比较复杂或实验技术的难度较大，一些物理现象难以被直接观察或物理量难以被直接测量，这时可改用与之有一定相似性但比较容易操作的实验，通过模拟比较间接地去认识和研究①。如静电场中的等势线，就是根据稳恒电流场与静电场的相似性，改用描绘稳恒电流场的等势线

① 姜村柱，丁红晶．运用多媒体技术提高物理教学效果[J]．中小学电教，2004（09）：36-37.

模拟静电场，加深学生对静电场电势分布的理解。又如在讲静摩擦力的方向时，教师用长毛板刷来模拟物体的运动趋势；在研究微观分子的热运动特点时，由于难以让学生直接观察，教师可以利用花粉颗粒来间接反映分子运动的无规则性；在确定磁场中磁感线的分布时，教师可以用铁屑的分布来模拟磁感线的存在。

（十）理想化方法

在实际物理研究中，由于研究对象和外部因素的复杂性，研究者常常需要简化或理想化实验条件，以突出现象的主要因素，并得到合理且近似的结果。研究者通过运用逻辑思维和想象力，根据研究问题的需求和具体情况，有意识地突出研究对象的本质因素。在思维过程中，他们会排除次要因素、非本质因素以及与问题不相关的因素的干扰，构建理想化实验，建立理想化模型，以简洁明了的方式揭示物理现象的本质。

大学物理实验教学中常用的理想化模型，可分为对象模型、过程模型、条件模型。所谓对象模型，就是用来等效代替研究对象实体的理想化模型。例如，质点、弹簧振子、点电荷、理想变压器、纯电阻、理想气体等都属于对象模型。它们都是实际物体在某种条件下的近似和抽象。人们根据物理性质用理想化图形来模拟的概念也属于理想化对象模型，如光线、电场线、磁感应线。

第二节　大学物理实验教学的历史

一、国外大学物理实验教学的发展历史

在大学物理教学中引入实验方法，已有 100 多年的历史。实验方法被引入大学物理教育并确立其应有的地位，经历了艰难曲折的过程。早在 16、17 世纪，伴随着近代自然科学的形成和发展，实验方法就已成为科学研究的基本手段，实验室成为人们获取知识的主要场所。到了 19 世纪 30 年代，欧洲的一些大学出现了实验物理训练，其形式多为私人实验室和师徒式物理实验训练，实行典型的个别传授制，这不仅在一定程度上符合当时教育规模小，理工科学生数量少的情况，同时也反映了当时自然科学实验活动的特点。19 世纪后期，随着工业化的兴起，欧美的几个主要资本主义国家的教育规模急剧扩大，学生人数剧增，师徒式教育难以满足社会对科学技术人才的巨大需求，从而产生了一种新的教学模式，即在高校中开设物理实验课程，使实验

课程作为一门系统的、有计划的教学科目，成为学生获取学位的必修课。这是物理实验教学史上的一次重大变革和进步，不仅体现了工业化和教育发展对实验教学的客观要求，同时也是19世纪后期科学实验活动规模的扩大及社会化程度的提高在大学物理实验教学上的反映。

麻省理工学院就是一所为满足社会对科学技术人才的巨大需求而创办的新型学校。学院首任院长、物理学教授罗杰斯（William Barton Rogers）强烈倡导对大班级开设正规的实验课程的思想。1867年他聘请由哈佛大学过来的爱德华·查尔斯·皮克林（Edward Charles Pickering）主持物理系。正是皮克林实现了罗杰斯的思想，开创了大面积开设物理实验课程的教学模式，使实验课程成为学生为得到学位而必修的一门有计划的、系统的课程。皮克林在1870年创办了麻省理工学院物理实验室，并编写了一本实验教材。在世界教育史上，这本书是最早出版和最具影响的学生物理实验指导书，该书在绪言部分介绍了物理实验研究的一般方法及测量误差、数据处理知识，其后各卷描述了一系列学生实验。实验题材由力学开始，依次是声学、光学、电学、热学、机械工程学与气象学。书中对每个实验的介绍分两个部分，先描述仪器，后讲述实验原理、测量、操作步骤等。

皮克林开创的班组集体教学制出现不久，就被美国的一些大学所效仿，同时也促进了欧洲许多大学物理实验教学的变革。英国物理学家瑞利（Lord John William Strutt Rayleigh）在1874年任剑桥大学卡文迪许实验室教授职位后，设置了面相学生的实验室教学，即采取了皮克林创设的方法。当时在卡文迪许实验室参与这项工作的加拿大历史学家格莱兹布鲁克（R.T.Glazebrook）认为，19世纪末叶英国及美国的大多数实验物理学家是在麻省理工学院实验教学体制下培养出来的。

麻省理工学院首创的班组集体物理实验教学模式标志着现代实验教学制度的确立。在此后的100多年来，虽然物理实验的内容得到了不断充实，且实验设备也在不断更新，但实验教学的指导思想与管理方法基本上是在沿袭皮克林时代的模式。第二次世界大战后，科学技术的迅猛发展在一定程度上挑战了传统的高等教育人才培养模式，尤其是1957年的苏联人造卫星上天，让美国教育者开始意识到美国科技教育的落后，掀起了一场大规模的课程改革运动。在大学物理实验教学方面，美国先后推出了PSSC方案（美国物理学会为美国高等院校制订的方案）、伯克利方案、伦塞来尔方案和麻省理工学院方案等多场改革计划。尽管这些方案各有特色，但仍有一些共同点，即注重为学生提供足够的条件，以便他们在实验过程中充分发挥他们的主观能动性，使学生置身于一种富有探索和创造性的学习环境中，积极、主动地观察、思考，并受到类似于专业研究人员进行创造性实验研究时的那种训练，其中麻省理工学院创设的“设计性实验”颇具代表性。

皮克林在开创班组集体实验教学体制之初，强调通过实验教学培养学生的探索精神和创新能力，重视培养学生独立思考和实践能力，鼓励学生通过实验来实现自己的想法，并亲自设计和制作所需的实验器具。这种教学理念在20世纪60年代以来的物理实验教学改革中得到继承和深化。21世纪，实现这种教学理念已成为迫切的需求，并且具备前所未有的条件。新的时代使物理实验教学具备了更多的科技和经济条件，使其可以更好地支持对学生的探索和创新能力的培养。同时，21世纪也需要学生具备探索精神和创新能力，以应对日益复杂的问题和变化的社会需求。因此，面向21世纪的物理实验教学应该以培养学生的探索精神和创新能力为宗旨。

二、我国大学物理实验教学的发展历史

我国高校的实验物理教育起步较晚。20世纪20年代，颜任光和胡刚复分别在北京大学和南京高等师范学校开创物理实验教学。1949年以前，我国大学物理实验教学大体上采用的是美国大学的实验教学模式。从新中国成立到20世纪80年代初，我国大学物理实验教学基本上采用苏联的模式。这两种模式在教材编写体系和实验内容选择上有所不同，但在教学方法上并无二致。由于人们逐渐意识到基础物理实验在人才培养上的地位和作用，20世纪80年代初基础物理实验正式成为一门独立开设的必修基础课。传统的普通物理实验教学方式根深蒂固，教学活动的过程通常是：先由教师介绍实验目的、实验原理、所用仪器、注意事项等，学生再按教材上所讲的步骤重复实验，获取数据，验证规律、定理、公式等，这种教学模式的突出特点是以教师为中心，学生只是被动地重复实验步骤，忽略了学生认知过程中的主观能动性，束缚了学生的思想，限制了对学生创新精神和创新能力的培养，学生缺乏发挥自己的创造性思维来独立观察、分析实验现象及解决问题的机会。20世纪80年代，随着新技术革命浪潮的冲击和高等教育课程与教学改革的兴起，我国高校在多方面对物理实验教学进行了改革和尝试。从20世纪90年代开始，基础物理实验迎来了发展时期，国家下拨了一百多万的专项资金用于建设基础物理实验室。1998年以后，我国又有28所重点院校得到了世界银行总值为7000万美元的贷款项目，成为广大教师和工程技术人员进行实验室建设和课程改革的推动力。随着大学物理实验教学改革的深入，看高校不断涌现出了

各种教学研究成果，如更新教学内容，建立课程新体系，开设综合性、设计性实验，探索开放性实验，采用现代化教学手段等等。这些措施初步革除了传统实验教学中对学生创新素质和综合能力培养的不利的弊端，初现多目标人才质量观的端倪。

第三节　大学物理实验教学的改革策略

大学物理实验课程对学生的科学素养和实验能力的培养非常重要。通过实验，学生可以将理论知识与实际操作相结合，深化对物理原理的理解，并提高解决问题的能力。教师在教学中的改革和教学水平的提高，可以帮助学生更好地掌握知识和方法，从而提高他们的学习兴趣和学术成就。这对于培养学生的创新能力具有重要意义。

一、加强师资队伍建设，提高教学水平

（一）重视师资队伍建设

物理教学中心始终坚持以人为本的理念，关注教师队伍的建设和发展，一方面通过对高学历、高素质人才进行引进，促进教师队伍整体素质的提升；另一方面通过建立健全完备的教学管理制度，包括集体备课制度、轮流听课制度、专家听课制度、青年教师培训制度，通过对这些制度进行制订并有效实施，促进整个物理教学中心教学水平的提升。

物理教学中心应始终将青年教师的培养和发展视为重中之重，给青年教师创造学习和进修的机会，主要措施包括：一是提供培训和学习机会。定期组织青年教师参加各种培训，培训内容包括教学方法、教学技术、学科前沿等。这些培训和学习机会可以帮助青年教师提高自身的教学水平和专业素养；二是鼓励参加学术会议和研讨会。鼓励青年教师积极参加国内外学术会议和研讨会，与同行进行交流和学习，了解最新的学术动态和研究进展。通过这种方式，青年教师可以学习先进的教学经验、管理经验和科研方法；三是建立导师制度。为每位青年教师安排一位经验丰富的导师，指导他们进行教学和科研工作，帮助他们解决实际问题和提高教学质量。导师制度可以帮助青年教师更快地适应教学和科研工作，提高他们的专业素养。

教师的知识结构和能力素养是成为合格教师的必备条件，也是教师能够有效地履行自己的职责的基础。教师的知识结构包括学科知识和教育学知识两个方面。学科知识是教师必须具备的，它使教师能够深入了解和理解所教

学科的专业知识，包括基本概念、原理、方法和应用等。教育学知识则是指教育学科的理论和方法知识，包括教育心理学、教育学、教学设计等。教师要有扎实的学科知识和教育学知识，才能够在教学中灵活运用，确保教学质量。

（二）加强校区间的教师交流

为了达到各个校区之间大学物理实验教学的一致性，并促进校区间教师的交流和学习，可以实施以下策略：一是跨校区授课和听课。鼓励各校区教师到其他校区上课和听课，以共享经验和知识，并学习其他教师的优秀教学方法和管理技巧。通过这种方式，教师可以共同提高教学水平，并确保所有校区的教学质量达到标准；二是定期举办实验教学交流会。组织各校区教师参加实验教学交流会，分享各自的教学经验、实验方法和研究成果。这将有助于教师们互相学习、共同进步，并逐步实现物理教学中心教学管理的科学化和一体化；三是编写统一的教学大纲和实验指导书。确保各校区使用相同的教学大纲和实验指导书，以保证所有学生接受相同的教育。这有助于保持教学质量的一致性，并减少不同校区之间的差异；四是建立在线交流平台。使各校区教师可以随时交流和分享教学经验、实验方法和教学资源。这有助于促进教师间的合作和交流，并确保校区之间的信息共享。

（三）监督物理实验教学过程

在物理教学中心成立教学指导委员会，具有很大的益处。教学指导委员会可以进行定期督导，确保各个校区的物理课程教学质量和标准统一。教学指导委员会可以观察教师上课的情况，听取学生的反馈，并提供专业的指导和建议，帮助教师改进教学方法和内容。

二、与物理科研相结合的物理实验教学改革

物理学作为一门学科，研究的是物质运动的一般规律和物质的基本结构。物理学是其他各自然科学学科的基础，为理解和解释自然现象和科学问题提供了框架和工具。物理学采用数学作为工作语言，利用数学方法可描述和解释物理现象和理论。通过实验，物理学可以验证理论的正确性，并且实验结果成为评判理论的标准。因此，物理学是一门实验科学，实验是物理学研究的基础。大学物理实验教学在物理课程和物理教学中起着十分重要的作用。它不仅是大学物理教学的基础，能够帮助学生理解物理现象和理论，还是大学物理教学的重要内容、方法和手段。通过实验，学生可以亲身参与和观察物理现象，培养实验能力和科学思维，加深对物理学的理解。近年来，高校

越来越重视对大学生创新能力的培养，而实践是创新的基础。在大学物理实验教学中，除了完成对某一物理量的测量外，更重要的是培养学生学会观察、分析、理解物理实验的基本思想和实验装置的巧妙设计理念。大学物理实验教学改革势在必行。

（一）与物理科研相结合的物理实验教学改革内容

1.调整教学目标

传统的物理实验教学主要是按照教学大纲和计划设置课程实验，是以教师为中心着重强调教师的“教”，以训练学生的实验技能、验证基本理论原理为主要目标，在实际的教学中，强调操作技能的程序化和规范化。学生们能做的就是根据已经设计好了的实验方案，去检验一个已知的结果是否正确。传统的物理实验教学的教学模式单一、内容陈旧、操作步骤按部就班、主要以命题性演示实验内容为主、验证性实验占比过高，既限制了学生的创造力，又降低了物理实验教学内容的创新性。

大学物理实验教学必须为学生构筑一个合理的实践能力体系，应尽可能地为学生提供具备较强综合性、设计性、创造性的实践环境，让每一位学生在四年大学的学习过程中可以经过多次实践环节的训练。这既能够对学生的基本技能与实践能力进行培养，也能够帮助学生科学创新思维的提升，开拓学生的科学视野，为将来从事科学研究打下坚实的基础。

2.调整课程结构

首先，加强科学素养的教育，培养科学研究的基本素质。科学素养是一种高层次的修养，它建立在人的素质和科学素质的基础上。这种素养主要包括科学意识、科学的关系观和系统观、科学能力和科学品质等方面。对于一个具有科学素养的人来说，其不仅具备了基本的科学知识和技能，还拥有对科学本质的理解和对科学方法的掌握。普通物理实验是加强基础理论知识的理解、基本技能训练、研究方法和能力的培养的重要途径。除此之外，它还具有培养科学素养和科学精神的教育功能。我国的普通物理实验教材主要包括力学、热学、光学、电学四部分的经典内容。这些经典物理实验教学内容由于经典物理的“绝对性”“机械性”，会在很大程度上影响学生的思维。然而，近代物理实验以其“相对性”不仅有利于学生发散思维的培养，而且有利于学生勇于开拓的科学素养的培养。

其次，改革实验课程体系。在实验题目的选取和编排上可进行很大的改动，打破过去的实验课程体系。通常来讲，可以将大学普通物理实验分为三个阶段层次：基础型、综合型和设计型实验项目，可以帮助学生逐步提升实验能力和创新能力。在内容上由浅入深，才能更好地满足学生的学习需求。

在基础型实验项目阶段，教师可以选择一些常规的物理实验，让学生掌握基本的实验方法和数据处理技巧。这些实验有既定的实验步骤，实验教学以给学生详细列出实验步骤、数据表格与误差估算公式的方式进行。

在综合型实验项目阶段，可以将多个知识点进行整合，让学生能够将不同的实验技巧和理论知识相互结合。教师可以适度加大这个阶段的实验难度，让学生自己列表格，并进行误差分析。

而在设计型实验项目阶段，教师可以鼓励学生独立思考、自主设计实验方案，并独立完成实验。这样的设计型实验可以提供更大的自由度和创造力，激发学生的创新热情，并培养他们的实验设计和问题解决能力。

3.搭建实验教学平台

教学平台的搭建对培养学生的实验兴趣非常重要。课程内容与学生实验兴趣必须紧密相关，以激发学生的学习热情和积极性。此外，将实验与前沿科学相结合也是非常重要的。通过构建适合本科生探究性实验所需要的实验训练平台，可以充分发挥物理系现有学科的优势和资源。例如，可以结合凝聚态物理、光学、等离子体物理等学科，设计和开展相关实验，使学生在实践中深入理解科学原理和掌握实验技巧，并将实验与实际应用相结合。

此外，注重培养学生的基本实验技能和实验素养也非常重要。学生需要通过实验训练，掌握基本的实验操作技巧，提高实验设计和数据处理的能力，并培养严谨的科学态度和实验的创新思维。同时，重视对大学生创新知识的传授、创新能力和创新素质的培养也是非常重要的。通过创设科研基础训练平台和科研能力训练平台，可以培养学生的科学研究思维和能力，激发他们的探索精神和创新潜力。

4.扩大参与教学面

传统物理实验教学主要是由实验岗和教学岗的教师来指导学生按照已有的实验步骤验证物理现象，而学生的接触对象仅限于教授实验的教师，并且实验对象仅限于实验室已有的设备和实验物料。然而，在物理实验教学与科学研究结合后，实验教学的方式得到了改进。实验室向本科生全面开放后，学生可以根据自己的科研兴趣选择相关研究方向的教师来指导实验，并进行探究性实验。这种改变使得学生在实验教学中获得更广泛的选择和更深入的参与。通过与科学研究的结合，学生可以更好地理解实验的背景和目的，并主动参与实验设计、数据分析和结果解释等过程。

与传统物理实验教学不同的是，结合了科学研究的实验教学方式不再局限于教师传授实验的步骤和结果，而是注重培养学生的科学思维、探究能力和问题解决能力。学生更多地扮演起研究者的角色，通过自己设计和探索实验，培养科学研究的能力和创新精神。这种物理实验教学方式的优势在于为学生提供了更多的学习机会和挑战，促进了学生对科学知识的深入理解和应用能力的培养。学生能够更好地掌握科学研究方法，培养科学探究、问题解决和团队合作能力，为未来的科研工作和职业生涯打下坚实的基础。

5.规范管理

因为实验不再是在传统的、固定的实验教室内进行，而是由学生前往指导教师的科研实验室进行，实验时间也不再局限在某个时间段，而是随时都可以进行，这就对实验课程的管理提出了更高的要求。由课程的负责教师及指导实验的教师共同对学生进行监督和管理，考核实验学习的结果，具体策略如下。

（1）确定学习目标和要求

课程的负责教师应该明确学习目标和要求，确保学生了解课程的重点和期望的成果。这样有助于学生在实验中找到明确的方向和目标。

（2）指导教师的评估和管理

指导教师需要对学生的学习态度进行考核，确保学生积极参与实验学习，并且与指导教师保持有效的沟通。这有助于促进学生与指导教师的有效合作。

（3）实验结果的考核

指导教师需要对学生在实验中的表现和实验结果进行考核。这有助于评估学生在指定时间段内的实验完成情况，并且评估学生的科研能力，以确定学生是否适合在该方向上继续进行科研工作。

（4）答辩形式的考核

可以通过答辩的形式对学生进行考核。学生可以准备和呈现他们在实验中的学习情况、实验结果和对结果的分析解释。这不仅可以考查学生的学习情况，同时也可以锻炼学生写科研报告的能力。

（5）管理时间和资源

因为实验时间不再局限在某个固定的时间段，学生可以根据实际需要随时进行实验，因此教师需要合理安排实验时间和资源的利用，以确保学生能够顺利完成实验。

（二）与物理科研相结合的探究性实验特色

探究性的实验，是没有标准答案，或有着很多答案的，它除了有利于巩固知识，还可以激发学生的兴趣，培养学生的创新能力。与科研结合的探究性实验具有以下特色。

第一，教学与科研的结合使得学生能够自主探究并解决实际问题。通过探究性实验，学生不再是被动接受知识，而是主动参与其中、提出问题、寻求解答。这种学习方式可以激发学生的学习兴趣，并培养他们的动手能力。

第二，活跃在科研一线的科研人员参与物理实验教学，丰富了实验内容。这些科研人员具有丰富的实验经验和专业知识，他们的参与可以为学生提供全面的实验指导，并且将一些最新的科研成果融入到物理实验教学中。这样的物理实验内容涉及多个领域，能够更好地满足学生的学习需求。

第三，更多学生参与科研实验，加强了科研队伍。通过探究性实验的引入，学生可以更深入地了解科研的工作方式和流程，并有机会参与到实际的科研项目中。这样不仅丰富了学生的科研经验，也为科研工作提供了更多的人力资源，在一定程度上提高了科研效率。

第四，充分利用现有仪器设备并进行更新和改造有效化解了学生研究能力培养与实验师资不足之间的矛盾。通过利用现代技术改造旧实验、使用虚拟实验平台以及混合实验教学等方法，扩大了物理实验教学的容量，为更多学生提供物理实验研究的机会。

三、建立完善的物理实验教学配套措施

实验室是高校的重要组成部分，对于师生完成教学、科研和科技开发任务有着重要的支持和促进作用。因此，加强实验室建设和科学化、规范化管理非常重要。

（一）利用现代教育技术手段进行开放式实验教学

开放实验室是进行开放式实验教学的前提和重要内容。通过对现代教育技术手段的运用，教师可以有效改善实验教学的效果和管理方式，具体策略如下。

1.提供预习材料和资源

教师可以在学生实验之前提供预习材料和资源，帮助他们提前了解实验的目的、步骤和理论知识。这可以提高学生的实验准备和理解能力。

2.使用计算机虚拟实验

对于实验技能不强的学生或者实验设备不足的情况，师生可以使用计算

机虚拟实验软件来进行实验模拟和操作练习。这不仅可以提高学生的实验技能，还可以提高实验结果的精确度。同时，学生可以根据自己的实验兴趣进行深入的实验探索。

3.辅助教学工具的使用

师生可以运用幻灯片、录像、CAI（Computer-Assisted Instruction，计算机辅助教学）、计算机软件、网络等现代教育技术手段来辅助物理实验教学。通过这些工具教师可以提供更直观、生动的教学内容，激发学生的学习兴趣，加深他们对实验的理解和记忆。

4.知识共享和合作学习

利用网络平台，学生可以分享实验经验和实验结果，展开合作学习和交流。通过合作学习，可以促进学生之间的互动和合作，提高实验学习效果。

5.教师的指导和评估

教师可以通过监控学生在虚拟实验软件上的操作记录和结果，指导学生的实验学习。同时，通过网络平台可以实时交流，教师可以对学生的实验结果进行评估和指导。

（二）立足现有设备，进行教学内容更新

充分利用现有的仪器设备并进行更新和改造可以最大限度地提高仪器设备的利用率和使用率，具体策略如下。

1.利用一机多用的仪器设备

一些仪器设备可以用于多个实验，通过合理的安排和设计，可以实现仪器设备的多功能使用。例如，通过更换不同的附件、配件或调整实验的参数，教师可以轻松地在同一个仪器上进行不同实验的教学。

2.利用现代技术改造旧实验

通过运用现代技术手段，对传统的实验方法进行改进和升级，使其操作更简单、更方便、更实用。例如，将操作复杂的小电铃替换为手机，作为声源，这不仅可以简化操作，还可以利用手机的录音功能进行更准确的数据记录和分析。

四、基于学生的发展特点开展大学物理实验教学

如今，许多高校已经开始改革大学物理实验课程。沿袭传统的教学内容和教学模式，已经不能满足现代化社会的发展需求。在这样的大环境下，新生代大学生不再被陈旧的观念所束缚，他们的思维敏捷活跃，对新鲜事物的

好奇心十分强烈。但是，对于许多大学物理实验课程而言，教师仍然是课堂的主角，学生只能扮演观众的角色，老师讲什么，学生就听什么，学生机械地完成实验仪器操作，得到数据结果。这种教学方式缺乏互动和参与，难以激发学生的学习兴趣和好奇心。此外，实验仪器陈旧、实验内容过时也是当前大学物理实验课程面临的问题。目前很多高校的课程设置是面向全校所有专业的，对于不同专业采用同样的授课内容、同样的学习要求和考核方式。这种一刀切的做法没有考虑到不同专业的特点和需求，导致一些专业的学生在学习过程中感到难度过大或过于简单，缺乏挑战性和实用性。

（一）转变思想，重新定位大学物理实验课程的地位及教学目标

大学物理实验课程应该是培养学生动手能力、科学思维和独立学习能力的关键环节。然而，当前许多高校的物理实验课存在着一些问题，导致其未能充分发挥应有的作用。首先，教师对课程的重要性认识不足。一些教师可能认为实验课程只是理论课程的辅助，没有充分认识到实验课程在培养学生综合素质方面的重要性。因此，教师在教学中可能没有投入足够的精力和时间来确保教学质量。其次，学生对于实验课程的态度也需要转变。很多学生可能认为学习实验课程只是为了应付考试，而没有意识到实验对于培养他们的科学素养和动手能力的重要性。因此，他们往往只是机械地按照教师的要求进行操作，而没有真正理解和掌握实验的原理和方法。

转变教学思想，提倡科学、与时俱进、国际化、现代化的教学观念是第一步。各高校应该根据学生的物理基础，制订适合本校的大学物理实验课程的设置要求，如减少实验课程的数量、降低考核难度等。有些院校要求学生在一学期内至少完成 17 门基础的实验课程，此外还包括其他开放性实验和课程实验，对实验课程的学习不应该追求课程数量，而应该追求质量。学生通过学习几门实验课程，可以对设计实验、独立完成实验的思路和方法加以熟悉，掌握动手完成实验的技能，激发动手学习的兴趣，学会将物理现象或物理应用结合已有的知识，探索、分析和解决。通过对实验的学习，培养学生的自学能力和探索精神，知识是学无止境的，新事物是层出不穷的，教师应该培养学生的能力而不只是让他们掌握某个知识点。

（二）根据学生基础及专业差异，合理设置教学内容

不同院校招收的学生的知识基础和背景是不同的，因此针对不同专业背景的需求，有针对性地设置实验课程是非常有必要的。如果根据同一个标准来设置实验课程，将具备不同知识基础、不同专业的学生同班授课，很可能

会导致一些学生厌烦那些与其专业相关性不大的课程，同时也会让一些非物理专业的学生感到学习难度较大，从而放弃主动思考和主动学习的机会，出现为了完成任务而对实验数据进行抄袭的现象。

随着经济、科技和信息技术的迅猛发展，实验课程内容设置应该与时俱进，不仅要与世界新兴科学相联系，还要结合新兴事物，以更好地促进学生主动学习的兴趣的提升。

另外，实验课程中所使用的仪器应该尽可能现代化，并引入新型的仪器设备。使用现代化仪器完成实验，可以增加实验设计的多样性和实验数据的丰富性，从而避免学生抄袭或应付检查。同时，现代化仪器设备可以提供更准确、更精细的实验结果，帮助学生更好地理解物理现象和规律。

（三）结合现代化技术，增强教学的艺术性

随着高科技的不断发展，传统的以黑板书写和教师满堂灌为主的授课方式已经不能满足新时代大学生的需求。传统的教学方式不仅会让学生产生厌学情绪，而且不利于培养创新型和应用型人才。现代化技术的应用，特别是网络的大量应用，为教学带来了更多的可能性。通过使用网络技术，教师可以更加生动、形象地展示教学内容，增强教学的艺术性和趣味性。同时，网络技术的应用也使得教学方式更加灵活多样，可以更好地激发学生的学习主动性和创新性思维。

通过让学生在网上完成课前预习，可以避免学生在预习上敷衍了事，提高学生的预习成绩，并让他们提前了解仪器安全和科学的使用步骤。这可以节省课堂时间，让学生有更多的时间来设计实验和独立完成实验，从而培养学生的自学能力，增强学习兴趣。教师在课堂授课时结合多媒体和各种应用软件，用动画对实验原理及过程进行演示，可以有效提高学生的听课质量，引导学生主动思考和创新，降低学生对物理知识的理解难度。以这种方式的教学更加直观、形象和有趣，可以加深学生的记忆，增强其理解能力，同时也可以提高教师的教学效果和质量。

五、加强混合式教学在物理实验教学中的应用

（一）混合式教学活动的前期准备阶段

混合式教学是一种结合线上教学和传统教学优点的教学范式，其旨在实现更高效、更灵活、更具互动性的学习体验。混合式教学的核心是将理论教学和技能训练有机地结合起来，实现学生的全面发展和提升。温和式教学强调提高学生的主动性、积极性和创造性，鼓励他们积极参与学习过程，发挥

自己的想象力和创造力。同时，温和式教学也重视教师的引导、启发和监控作用，确保学生在学习过程中能够得到有效的指导和支持。

1.丰富网络学习空间教学资源

如果学生的学习方式是混合式的，那么教师的教学活动就应该做相应的改变，如给学生提供更多的学习资源，创设更有利于学生自主学习的环境。基于教育部倡导的课程资源建设共建共享的理念，大学物理实验课程在网络学习空间的教学资源应由多名教师共同创建。大学物理实验的课程内容和扩展资源的表现形式主要有实验视频仿真实训录屏，还有实验原理的PPT文档等，而练习测验题是由具有丰富经验的教师精心设计的，以测验的形式发布。

2.设计教学模式及流程

大学物理实验课程是具有较强实践性、操作性的课程。所以，要采用线上线下相结合的混合式教学模式，并设计其具体的教学流程。该流程主要是教师在平台上传教学内容和资源，学生在线对课程内容进行学习，在学习完相应的单元内容后，师生之间进行答疑交流，并进行相应章节的练习测验，通过测试对知识点进行查漏补缺，从而达到强化知识的目的，同时教师通过平台查看学生的测验成绩，结合每一道题的答题详情总结知识重点、易错点，确定线下教学内容的重点。学生经过线下实验操作完成实验报告，并在网络学习空间的作业栏中上传实验报告，供教师批改或学生互评，同时开辟讨论区，供学生就实验问题展开讨论，计入考评成绩。

（二）混合式教学活动的实施阶段

1.学生线上自主学习及测试

教师要精心整理大学物理实验课的教学内容，并将其与学习资源一并上传至网络学习平台的实验内容、课程资源两个板块中。这样，学生可以随时随地通过电脑或手机登录平台，进行自主学习和研究。教师根据不同的实验项目，将用于测试学生预习情况的知识前测题目上传至练习测验板块。这些测验题目旨在检验学生对即将学习的实验内容的理解和掌握程度。

在实验课程开始前，学生可以自主选择学习时间和地点，登录网络学习空间对即将讲授的实验课程进行自主学习。他们可以在网络学习空间的聊天室和讨论区与其他学生进行学习交流，分享彼此的学习心得和疑问。在完成课程内容的预习后，学生需要完成相对应实验的练习测验。只有当测验合格后，他们才能进行实际操作实验。提出这样的要求可以确保学生在动手实验前，对实验的理论知识有充分的理解和掌握，从而更好地完成实验操作。

2.教师结合学生预习前测开展线下教学

教师通过网络学习空间平台练习测验板块查看学生前测的整体成绩和每道题的答题详情，从而统计学生的预习效果，发现学生普遍的错误。教师可将学生的易错知识点作为线下教学的重点，开展个性化教学指导。

学生在网络学习空间预习完知识后，可根据自主学习的情况更有针对性地进行线下学习，同时教师根据前测情况更有针对性地进行线下实验课程的操作讲解，使开展的线下教学活动更有目的性。

第五章　大学物理教学模式的改革

大学物理教学模式的改革是一个重要课题，随着信息技术的不断发展和社会的不断进步，传统的物理教学模式已经无法满足社会对应用型、创新型、复合型人才的培养需求。因此，对大学物理教学模式进行改革已经成为当务之急。大学物理教学模式的改革应当朝着注重实践、个性化、互动性强和跨学科融合的方向不断探索和实践，以满足当今社会对高素质人才的需求。目前，大学物理教学模式的改革主要有演示型教学模式、自主探究式教学模式、翻转课堂教学模式以及混合式教学模式这四种模式。本章围绕这四种模式展开研究。

第一节　演示型教学模式

一、演示型教学模式简介

（一）演示型教学模式的含义

演示型教学模式主要是通过教师的演示达到解释一定的知识概念、理论结构的目的。教师可以通过多种多样的形式来表演，如传统教学模式演示的形式主要是板书，随着科技的发展，多媒体在教学中逐渐普及，越来越多的教师则借助多媒体来进行演示教学。

大学物理学作为一门探索自然的基础学科，物理实验在教学中占有很大的比重。演示型教学模式主要讲的也是物理课程中演示实验的教学模式，即物理实验的演示型教学。大学物理教师在课堂上进行演示实验，通过教师的启发引导，帮助学生观察和思考实验，以达到一定的教学目的。这是一种演示实验教学方式，其常常用于大学物理教学活动中。在大学物理课堂演示实验教学中，教师是实验主体，处于主动地位；学生是观察主体，处于被动地位。

（二）演示型教学模式的形式

1.随堂演示

在随堂演示环节中，教师通过融合书本知识和学生的观察经验，进行生动的教学。这一过程的目的在于将抽象的理论知识与实际操作相结合，使学生更好地理解和掌握知识。教师通过具体的实验和验证，帮助学生直观地理解理论知识。例如，在讲解角动量守恒的力学知识时，教师可以引导学生进行茹科夫斯基实验，观察手臂在不同状态下人和椅子的转速变化，从而使学生更深入地理解角动量的概念和角动量守恒的意义。这种多感官参与的教学方法不仅教学内容丰富，还有助于学生对知识的吸收和理解。此外，随堂演示型教学演示还可以调节课堂气氛。通过展示有趣的实验和教学内容，引入新的课程内容，可缓解学生的疲劳，还可以有效提高课堂教学效率。

2.开放参观

在演示型教学过程中，开放演示实验室是最为常见的教学形式之一。学校会在此集中摆放各种实验设备，特别是那些体积较大、质量较大，不适合在课堂上展示的设备。在大学物理的演示实验室中，通常会进行许多实验项目，包括光学实验、力学实验、电学实验、热学实验等众多方面的内容。学生们可以在实验室对外开放的时间里自由参观。

通过开放演示实验室可以充分发挥学生的自主学习能力，并能够满足不同学生的个性化需求。与其他教学形式相比，这是一种非常有益的补充。然而，这种方式的缺点在于其较强的随意性，由于缺乏统一的要求，无法确保所有学生的参与，并且学生的主观因素会对学习效率产生决定性的影响。此外，演示实验室的开放时间可能与学生的其他课程时间冲突，导致学生缺乏足够的学习动力或者因为没有教师的引导而无法达到预期的学习效果。

3.集中教学

当前，很多大学都提供了与物理教学演示相关的课程，既包括针对物理专业学生设计的专业课程，也包括针对全校学生的公共选修课程。物理专业课程不仅具有明确的学习目标和课时，而且可以有效地引导和约束学生的学习。与自由参观的学习方式相比，这些课程具有更强的目的性，有助于促使学生主动思考学习内容。此外，一些学校还为非物理专业的学生开设了文科物理演示课程，帮助学生理解与物理相关的内容，学生无需专业知识也能参与。这为更多学生提供了学习物理知识的机会，有利于提高他们的综合能力。通过开设此类课程，可以有效弥补课堂演示可能存在的条件和场地的限制，同时也避免了开放实验室可能存在的问题，提高了演示实验资源的利用率。

4.网络教学

利用校园网络搭建的物理演示型教学平台，有效补充了物理演示型教学。网络教学形式主要有两种：一种是在演示实验室网站上上传视频、Flash 动画和 Power Point 演示文稿，学生可以在线浏览或下载相关内容；另一种是搭建演示学习系统，学生除了可以浏览教学资料外，大学物理教师还可以进行学习管理和在线互动，包括问题讨论、评价和交流。通过网络教学，学生不再受到课堂时间和内容的限制，能够自由选择学习时间和内容，使学习更加自由灵活。学生可以反复学习没有掌握的知识，从而提高学习效果。

网络教学资源中有一部分是用计算机模拟的虚拟实验。虚拟实验能够精确控制实验条件，确保实验现象不受外界因素的干扰，并可以重复进行。对于那些对实验条件要求较高的实验，通过虚拟实验能够轻松获得理想的实验效果，并省去了仪器调试的烦琐过程。同时，对于难以观察的微观过程，利用虚拟实验也能够直观地演示和解释。此外，通过计算机模拟实验，可以节省大量人力和物力成本，对于教学资源有限的学校来说，虚拟实验教学能够在一定程度上打破客观条件的限制。

二、多媒体在大学物理教学的演示型教学中的应用和策略

在当今大学物理教学中，基于多媒体的演示型教学模式被视为一种创新的教学模式。通过结合多媒体技术，教师能够以更生动、直观的方式呈现物理理论和实验成果，从而提升学生的学习体验和理解效果。下面将探讨如何通过多媒体技术的应用，为大学物理演示型教学注入更多的活力。

（一）多媒体在演示型物理教学模式中的应用

随着计算机技术和信息技术的飞速发展，多媒体技术在教学中的作用越来越重要，现代演示型物理教学模式中借助的工具主要是多媒体，因此介绍物理演示型教学模式主要是介绍如何在物理教学中使用多媒体。然而，仅仅将多媒体引入教学过程并不足以确保良好的教学效果。并不是所有借助多媒体进行包装的教学方式都能达到预期的效果。制作者在设计和制作多媒体课件的过程中，往往忽视了深入思考和探讨教学设计和展示的问题，以至于在教学过程中充斥着概念性和操作性的错误。因此，如何在大学物理教学中运用好多媒体也成为需要解决的问题，这与如何在大学物理教学中运用好演示教学模式的问题密切相关。

（二）多媒体在大学物理演示型教学模式中的应用策略

1.保证多媒体在大学物理教学中的效果最大化

教学工作者一直追求的目标就是使教学的效果最大化。而多媒体教学的普及受到限制及其发展面临停滞的原因不是软件和硬件的缺陷，而是使用者没有正确认识多媒体对教学起到的积极影响，以及没有熟练掌握运用多媒体

的技能。

多媒体教学软件以其直观的特点著称，能够按照教学思路逐步向学生展示内容。然而，这种教学方法通常使学生处于被动接受的学习状态，为了取得更好的教学效果，需要结合多种启发引导方法，如通过设置问题进行观察学习等。在进行启发引导时，教师需要特别关注设计趣味性和教学应用。现代发展中的物理教学观念强调在学科知识与技能基础上培养学生的能力，倡导开放式教学。大学物理教师应该创造学习情境，鼓励学生自主探索、得出结论，培养他们的信息处理能力、批判性思维、创造性思维、解决问题和应变能力，以及实验能力。为了最大程度地提高教学效率和效果，大学物理教师应充分利用人类资源和非人类资源，并且结合各种教学方法和媒体手段来实现教育教学目标。

因此，大学物理演示型教学模式并不局限于多媒体教学。教学内容的内在结构是学科知识结构的组织设计，是教学设计的基础；而教学内容的外在表现形式，即如何最好地利用多媒体展示教学内容，则是教学设计的手段。

2.运用多媒体教学要遵守科学性、教育性、启发性原则

应强调科学性、教育性和启发性的原则，确保教学内容与形式相统一，重视理论与实践的融合，同时注重软件设计的可操作性。在选择物理教材时，应积极搜集与教学内容相关的多媒体光盘素材，以确保信息量充足，并根据教学对象的差异选择相应的教学媒体素材。在制作物理多媒体课件时，应遵循先设计后制作的原则，同时考虑屏幕清晰度、文件大小、运行速度等问题。在制作课件之前应充分考虑各方面条件，并进行事先设计。成功的展示源自成功的设计，教师需要花费时间打好基础，为后续展示提供强有力的架构。如果教师匆忙处理或目标不明确，学生只能模糊了解知识。在构建框架和筛选材料时，教师应有明确的针对性，目的明确，并按目的来选材。设计幻灯片的目的是激发学生对问题的兴趣，并帮助他们掌握知识的主题脉络和主要内容，因此无需面面俱到。多媒体教学软件的设计需要考虑各种媒体的有效性，不能简单地拼凑和粘贴。多媒体应该成为教师构建新型教学模式的重要工具，同时也应该成为学习者学习的认知工具。教师在组织教学内容时，应该按照一定的逻辑和顺序进行，避免跳跃性过大，同时增加内容的趣味性和吸引力，让每堂课都充满高潮和亮点。对多媒体的综合使用能改善大学物理演示型教学模式的教学效果。对各种多媒体的适度使用也很关键，对多媒体的滥用会产生不理想的效果，因此教师在制作前应斟酌使用何种多媒体的教学效果最好，将教育性放在首位。为了加快大学物理演示教学课件的运行速度，可以采取以下措施：减少图片、图像的数量和大小，尽量使用简洁的图像，避免使用过多高分辨率的图片和复杂的图像；降低图片和动画的颜色数和位数，降低图片和动画的存储空间和处理时间；将重复使用的图片、声音、动画放入库中，避免重复加载；压缩声音文件和视频文件，减小文件，提高加载速度；缩短母版中动画出现的时间；降低幻灯片切换时动画的复杂性。

3.多媒体演示教学要注重运用技巧

大学物理教师在进行正式教学之前，要先对课件进行几次演练，才能避免在多媒体实际教学中出现问题，打乱教学进度，这样也可以预估物理教学过程中可能出现的各种问题。要想让教学实现预期效果，教师一定要非常熟悉课件和教学内容。

进入实际教学之后，教师要注意使用通俗易懂的教学语言进行表述。物理往往是在描述一些抽象事物，因此教师要尽可能将抽象化的概念具象化。例如，借助类比的方式，让学生简单轻松地了解其中的内涵。讲课语言应当以激发学生的求知欲望和让学生感到亲切为目标，引导学生自主思考，避免使用说教式的语言。教师在讲解时，要注意多用较为大众化的语言，减少专业术语的使用，如果要提到一些生僻的专业词汇，在尽可能在屏幕上显示出来，加深学生的印象，避免让学生误解；每节课上教师都要为学生留出提问的时间，及时根据学生的反馈对教学方式和内容进行调整；教师可以在课间为学生播放一些轻松愉快的音乐或具有欣赏性的艺术图片，以营造轻松的氛围，缓解课堂上的紧张情绪；同时，教师需要关注学生的听讲状态，根据学生的注意力情况适时调整教学进度。教师只有根据学生和听众的心理需求做出改变，这些操作才会有效。

教师需确保教室的光照条件既能清晰显示屏幕画面，又能保障学生能够看清笔记。在讲课时，教师要以清晰而洪亮的声音准确表达教学内容，语调需要适时升降、停顿等。多媒体教学节省了教师写板书的时间，同时增加了教学信息量。在大学物理教学课堂上，必须确保字幕的显示速度适中，为学生提供足够的时间来阅读和记录。当学生需要记笔记时，教师应明确指出重要的内容，并给予一些标记提示以帮助他们记忆。如果需要记录的内容较多，教师可以先朗读一遍，并在关键的地方适当停顿，为学生留出做笔记的时间，这样学生可以更专注地听取后续内容。对于那些没有解说词的重要画面，教师可以大声地提醒学生注意观看或进行简短的解释。当使用遥控鼠标时，教师应尽量避免频繁地在投影机与投影屏幕之间走动，以免干扰了学生的视线。

长时间的放映可能会使学生感到眼睛疲劳，因此，教师应在适当的时候关闭画面或使屏幕黑屏，以保护学生的视力。

大学物理教师需要熟练掌握各种设备的使用和切换方法，并根据不同设备的特性进行合理运用。在课程开始前，教师应提前演示授课内容，避免在上课时寻找幻灯片，避免分散学生的注意力。教师可以通过切换到其他屏幕通道来查找幻灯片。在大学物理演示教学中教师，不仅要注重知识的传授，还应该充满人文关怀。现代多媒体演示教学不仅为教师节省了写板书的时间，还要求教师在现代教育思想、教育理论、学习理论和教学设计理论的指导下，设计符合时代要求的新型演示教学课件，这样才能培养出具有现代科学素养的学生。

第二节　自主探究式教学模式

一、自主探究式教学模式概述

（一）自主探究式教学模式的基本流程

自主探究式教学是一种全新的教学模式。学生通过自主探究的方式学习知识，能使学生对学科的内容体系和思想方法、科学概念、理论及其历史、现状和前沿等方面在整体上有一个全面的了解。它突破了传统教学模式对学生主动性和创造性的制约，从而提高了学生的科学素养。因此，在大学物理教学的过程中，教师根据物理内容适当地选择自主探究式教学模式，将给教学带来不一样的效果。不同的出发点设计的自主探究式式教学模式的特点也是不一样的，如以问题为中心的自主探究式教学模式、指导型自主探究式教学模式和循环型自主探究式教学模式各不相同。下面就这三种不同的自主探究式教学模式的创建流程加以说明。

1.以问题为中心的自主探究式教学模式

该模式着重于学生的自我学习，以激发学生的创新思维培养他们的创新意图和创新能力为目标。它的流程包括：创设情境、提出问题、自主探究、协作讨论、分层测评以及课堂小结。

（1）创设情境

教师需要充分考虑学生的个体差异，包括年龄特征、知识经验、能力水平和认知规律等因素，抓住学生思维活动的热点和焦点，结合学生的认知“最近发展区”，提供丰富多样的背景材料，并创设直观且引人入胜的问题情境，从而激发学生的好奇心，使他们乐于发现和提出问题。

（2）提出问题

中国古代强调“学问”，而“问”是获得知识和提升道德修养的关键途径。当今学生不擅长提问的原因在于教师缺乏培养学生的问题意识。传统的“灌输”教学方法使学生完全依赖于教师的灌输，使得他们处于被动接受的状态。因此，教师应帮助学生学会运用各种质疑方法，如课题质疑、因果质疑、联想质疑、方法质疑、比较质疑和批判质疑等，引导学生发现问题并提出问题。为了实现这一目标，教师应营造宽松民主的课堂氛围，鼓励学生积极参与课堂提问和探究活动。同时，教师应对学生的回答给予恰当的回应和指导，帮助他们自己寻找答案。此外，教师还应及时给予学生评价和反馈，帮助他们不断提高自己的学习水平。最后，教师应善于训练学生的思维能力，培养学生认真钻研、独立思考、乐于提问的习惯，推动学生从机械接受向主动探究转变。

（3）自主探究

美国华盛顿大学曾有一句关于知识学习的宣传，那就是听来的，易忘；看到的，记得牢；动手做，理解深。传统的教学中，学生通常以接受定论的方式学习知识，并内化为自己的知识。然而，由于缺乏自身的经验体系，可能会出现联系障碍，影响解决问题。自主探究式学习鼓励学生通过“做科学”来“学科学”，学生在情境中发现问题，提出假设并收集资料，进行实验验证，然后处理信息和解决问题，这些经验都能内化为学生的自身经验体系。

因此，探究验证是自主探究式教学模式的关键环节。在这一过程中，学生模拟科学家的研究情境，以观察实验为基石，以假设为基本方法，并采用质疑验证的方式，从而构建新旧知识之间的联系网络。自主探究式教学模式的主要程序包括演示实验、创设情境、课件演示、生活录像等形式，以培养学生对物理的兴趣与好奇心，随后通过教师提问、学生自我设问、学生之间提问，训练学生的质疑能力并培养学生的问题意识。之后，采用独立发现法、归纳类比法、打破定式法等方式培养学生自主构建知识和探究能力，最后进行同桌之间讨论、小组之间讨论和师生之间讨论，以培养学生的合作精神和交流能力，直至解决问题。这一教学模式涵盖了对形象思维、动作思维、抽象思维、聚合式思维和发散式思维的训练。

（4）协作讨论

学生在协作讨论的过程中会发生不同的情况。例如，当某些学生表现出胆怯和害怕发言讨论时，教师可以采取灵活的教学方式，如小组讨论、组间讨论或师生讨论等，以充分发挥集体力量来解决问题。教师可以根据实际情况灵活搭配讨论的分组形式，如可以根据学生不同的水平层次划分，也可以根据学生的水平层次交叉划分。总之，在协作讨论的过程中教师应把主动权交给学生，适时地引导学生由自行讨论转向小组讨论。在协作讨论的过程中，教师应该根据教学内容和学生实际情况，积极活跃学生思维，培养他们的交流协作能力。在交流环节的最后，各个小组应该形成自己的观点和意见。教师可以挑选几个具有代表性的小组，让小组选派代表在全班分享小组的研讨成果。通过这种方式，学生可以互相讨论、分析和广泛交流，自主探索并获取知识，感受到成功的喜悦。此外，这个过程还可以提高学生的语言组织能力和口头表达能力。

（5）分层测评

分层测评旨在激励学生，让成绩差的学生增强自信，同时对成绩好的学生提供激励。根据教学实践经验，教师可以设计分层测试题，将其分为四个层次：第一层次是达标级，是要根据物理的课程标准进行设计；第二层次是提高级，在第一层次的基础上增加了变式练习和分析层面的学习；第三层次是优胜级，这个层次要求增加新旧知识联系的综合练习；第四层次是欣赏级，它包括与学习内容相关的开放题、高考题以及物理知识应用竞赛试题的分析与解答。四个层次的水平是依次提高的。传统的教学模式采用一刀切的评价模式，其弊端是评价标准过低的话会使水平较高的学生失去挑战的乐趣，从而失去学习的兴趣；若评价标准过高则会使水平较低的学生产生挫败感。

（6）课堂小结

课堂小结的形式也是多种多样的。课堂小结可以由学生自行完成，也可以由学生和教师共同完成。课堂小结可以是口头的，也可以是书面的或是以论文的形式。课堂小结的内容包括三方面：①请学生总结各自的探究过程，并陈述观察到的物理实验现象与总结出的结论。同时，学生需要根据自身的探究过程和结论进行深度反思和评价，以改进和完善自身的探究方法和结论；②学生们还要针对其他同学的探究过程和结论进行反思评价，并提出建设性的见解；③最后，教师根据学生的小结进行适当的分析，进行补充、总结以及评价。以上就是以问题为中心的自主探究式教学模式的建立流程和应该注意的问题。

2.指导型自主探究式教学模式

这种教学模式的目的在于将探究式教学模式与传统教学模式相结合，对物理概念进行特定的教学，指导性自主探究式教学模式具有独特的优点，但它并非单纯地将传统的教学与独立的探究式教学相结合。以下介绍该模式的流程。

（1）创设情景，提出问题

教师运用现代科技，运用真实实验、研究影像，引导学生去发现、阐释、提出问题。学生在学习的过程中，会用引导、讨论的方式提醒自己要研究的课题，教师为学生提供解决问题所需的信息和实验室设备，学生可以自主安排实验计划，自主安排实验流程，自主解决所有问题。

（2）科学猜想，实验验证

自主探究式教学的一个重要内容就是让学生设计探究计划，进行探究和总结。一是学生在现有知识、经验和收集的资料的基础上，做出更加合理的推理、假设，设计探索性计划；二是在具备互联网设施和条件的大学里，学生可以自行获取在线资料，并对所提问题做出猜想。学生可自行进入教师所设计的教学情境，利用网络辅助完成实验，并利用现代科技及多媒体辅助教学，进行即时的实验研究，并搜集相关资料，从而做到行实验前有充分的准备，在做实验的过程中不慌不乱，井然有序。

（3）分析讨论，得出结论

首先，学生分析、识别、处理所获得的信息，并对其做出科学的解释。在进行分析和讨论时，学生就自己的猜想、假设、实验方案和结果与别的同学进行沟通。这样的学习可以帮助学生从多个角度思考问题，认识到自己在分析和处理问题时的不足与缺陷，同时也能深切地体会到合作对于科研的重要意义，进而提升学生整体的学习能力。

（4）课题小结，测试反馈

①学生总结自己的研究历程，对自己的研究成果、现象、结果进行评价和讨论；②学生对别人的研究过程和结果进行评价和探讨，并给出建设性的意见和建议；③教师对于学生的研究结果和评价予以最终的总结，并对小结内容不完善的同学给予补充，同时还要给予合理的评价。在这个过程中学生可以以幻灯片、图片的形式等进行展示；④教师在课堂的最后提供总结，并引导学生进行自我评估测验，以鼓励和激励他们。

指导型自主探究式教学模式让教师不仅把注意力集中在了学生所学的知识上，还更多地把注意力放在了怎样教育他们上。其推动了科学知识的“动态构建”，使学生能够积极参与和亲身经历。

3.循环型自主探究式教学模式

循环型自主探究式教学模式的主要特点是教师传授核心知识，学生通过应用该知识或理论而获得对问题的理解。通过消除学生的错误前概念，培养学生的思维能力和探究能力。该教学模式分三个阶段：探索阶段、理解阶段和应用阶段。

（1）探索阶段

教师创建新的教学情境，让学生接触物理的新知识。学生对新奇的事物和现象一般会抱有强烈的好奇心，而这些事物和现象超出了他们已有的知识和思维策略的范围，因此能够激发他们强烈的好奇心和求知欲，要给学生足够的自由，让他们自己探索，享受探索过程中知识带来的乐趣。教师要多鼓励学生利用一切可以利用的资源找寻问题的答案。

（2）理解阶段

在这一阶段，学生需要借助教师的指导，通过重新构建原有的认知结构，并使用全新的科学概念来解释新获取的信息。在这个过程中，学生主要依赖于教师的帮助和引导来深化对知识的理解和掌握，并建立起知识点之间的联系。通过这种方式，学生能够更深入地理解第一阶段所遇到的新奇现象，并实现对这些现象的更深入的认识。

（3）应用阶段

在此阶段学生能够应用新的知识与新的情境，要求学生在不同情境中应用新知识，让学生自己发现知识的本质特点。

（二）自主探究式教学模式的评价

课堂教学评价是根据某种价值准则对课堂教学各要素及其发展变化进行价值评判的过程。科学有效的课堂教学评价应以评价对象为出发点，明确评价的价值取向，并采用合适的方法，构建合理的评价系统。教学评价是课堂教学中的关键环节，其作用在于检验并提高教师的学习能力。在实施自主探究式教学中，教师应该重视对学生的探究活动进行评价。

1.评价的内容

自主探究评价具有多种形式，涵盖了认知与非认知评价。这种评价主要关注学生在原有基础上的进步水平，即根据学生的自身进步程度进行衡量，从多个维度和角度进行多方面的评价。在认知层面，评价的主要内容包括学生对基本知识的掌握情况、对知识的理解与运用能力以及他们的思维方式。在非认知层面，评价的主要内容包括学生的学习动机、创造能力、评价能力、自我调节能力、探究能力、学习兴趣、学习信心、学习态度、思维灵活性、合作精神、问题意识、上课心情、乐学与怕学态度、求知欲、关心他人的程度、课堂参与程度、学习负担感知以及独立性等。

2.评价的方式

由于自主探究式教学的重点在于培养学生的自我发展与探究性、创造性，二者均具有较强的情感性，因此，自主探究的评判标准应当以质的方式进行。

自主探究式教学的评价方法有：教师评价、学生评价、自我评价，是指根据某种标准对自身发展进行主观评价的方法，同时，还可以采用团体评价和团队内部的评价，以及定量和定性相结合的办法，从多角度和多方面进行多维度评价，构建多维度评价的表格。

3.评价的原则

评价学生学习的目的在于推动学习从侧重于知识的传授和积累，向对知识的深入探究和主动探索转变，由被动接受变为积极主动地获得，从而实现预期的学习目标，获得更好的学习效果。

（1）启发性原则

教师在教学中的角色主要是启发，而不是灌输知识，因此，教师应该利用各种方法，如多媒体、网络等，以此来创造情境并指导学生进行探究，为学生的“脑、手、眼、口、耳”提供“全渠道”的信息输入，帮助学生们发现、分析和解决问题。

（2）主体性原则

“自主探索”是一种以学生为主体的教育方式，其主要特点是以学生为主体，要求教师要在“问题情境”中探索、思考、发现和创造学生体验的过程。

（3）开放性原则

教学环境呈现开放性，教学过程具有动态性，教学内容灵活多变，教学时间和空间具有开放和拓展的特点，教学反馈是即时呈现的。为了满足不同层次学生个体差异的需求，教师要利用多媒体和网络技术构建一个包含高、中、低层次的非线性教育环境。

（4）自主性原则

在教学过程中，应该充分挖掘学生的潜力，引发他们对问题的兴趣，让他们能够做到充分地自主探索，只有这样才能实现让学生自主发现规律。

（5）发展性原则

教育设计应该以学生发展为基础，充分考虑学生的个体差异和需求，通过创设多样化的教育环境、提供丰富的学习资源，引导学生主动参与、主动探索、主动思考，其最终目的是促进学生的主动性、创新性、实践能力和素质的全面发展。

二、自主探究式教学在大学物理教学中的应用

（一）大学物理自主探究式教学模式的效果

1.大学生对物理课的学习兴趣、动机、信心有所增强

某高校在推行自主探究教学模式后，针对学生展开了一次问卷调查。调查结果显示，采用这种新模式后，感觉物理课有趣的学生的比例有所上升，认为物理课“难”的学生的比例则有所下降。然而，这些变化并不显著，这可能是由于大学物理学的教学难度受到学科特性、学习内容的难易程度、评估标准和方法以及学生现有的学习经验等诸多因素的影响。

学生对物理学的意义有了更深入的认识，这极大地激发了他们学习物理学的积极性。同时，学生展示并提高了独立学习的能力，对独立学习物理的信心也显著增强。

2.大学生学习物理的方式和习惯有所改善

随着大学生对物理理解的改变，他们发现物理更加有趣、学习物理也更有意义，从而促进了他们在物理学习中学习方式和习惯的转变。这种转变具体体现在以下三个层面：首先，在学习方法和习惯方面，学生表现出了更高的学习积极性和探索精神。他们更倾向于在课前进行预习，并在课后进行复习。此外，参与讨论和提问的学生数量也有所增加，其次是学生对问题探索的多元化特点，他们不仅与教师和同学进行交流，还学会了通过网络进行阅读和查询，以获取更广泛的知识和信息。最后，学生对自主学习和探究学习方式的认同度很高。认识到这两种学习方式能够帮助他们更好地掌握知识、提高能力，并为将来的职业生涯做好准备。

3.大学生自己探究问题的能力提高

某高校的问卷还关注了学生在自我探索能力方面的提升。在大学物理教学方式方面，学生的探究意识得到了显著提高，探究能力也得到了一定程度的提升。调查内容涵盖了三个部分：如何处理自己感兴趣的困难问题、对教师结论的质疑以及自我评价自主探究能力。通过问卷调查的方式，教师可以了解每个学生的具体探究学习能力水平，然后进行有针对性的辅导，这有助于大学生不断提高自己的探究能力和自主创新能力。

4.大学生的自我评价意识增强

随着自主探究教学模式的逐步深化，大学生在学习物理的过程中从被动"总结"到"积极思考"。很多学生在自己的学习笔记中，习惯用注释、后记等方法来记录自己的想法、感受和疑问，并用这样的方法与教师进行交流。相较于传统教学模式来说，自主探究式学习模式具有更好的教学成效，而且就传授知识的整体效率和质量来说，实施自主探究式教学方式所取得的效果更好，质量也更高。毋庸置疑，自主探究式教学模式对于大学生的启迪有着更多的益处，能让学生由原来的被动式学习转为主动式学习。自主探究式教学模式需要学生花费更多的时间，用于主动去研究一些新的知识和新的领域，然后加以分析和探究，从而掌握更多的物理知识和技能。

在推行大学物理自主探究式教学的过程中，要注意使学生的学习兴趣、自觉性以及其他方面能力都得到显著的提升。相比之下，传统的教授型教育往往侧重于应试，而忽视了对学生兴趣和综合素养的培养。从长远的角度来看，自主探究式教学不仅有利于学生的个性发展，更符合当代教育改革的需求。

学校的测试题目主要要考查学生的学习能力、学习的积极性、主动性、学习质量、态度、方法、能力等方面的变化，但有许多大学不重视培养学生的自主学习能力。许多大学在强化学生的创造力的训练上还需要改进，如果不加以改进就会对学生创造力的发展造成一定的阻碍和影响，大学生在以后的生活和工作中也会缺乏一定的创造力。

（二）大学物理自主探究式教学模式存在的问题

1.传统的教学观念与习惯根深蒂固

从传统的教学模式向自主探究式教学模式转变，不仅仅意味着教学模式的转变，更是教育观念的转变。大学物理教师要从"传道、授业、解惑"的角色转变为组织者、领导者和辅导者，他们不仅要注重学生的学习，还要注重学生的综合发展。由于传统的思想和方法已经根深蒂固，因此，在大学物理教学改革中，教师往往会不知不觉地被其所影响而"重走老路"。

自主探究式教学要求教师转变态度。因为大部分的学生都是在重复地模仿，学生的学习方法主要是听课、背诵、做大量的练习，学生早已习惯了教师"喂"的传统方式，而被教师"喂"的学生，严重缺乏"独立探究"学习的意识、方法和主动性；形成了"自主、探究"的学习意识、方法和主动性的学生，早已养成了以良好的方式进行学习的习惯。大学物理自主探究式教学要求教师进行恰当的指导，使学生从一开始就对新的学习方式产生困惑、畏惧、抗拒、质疑，但是却能使他们对物理自主探究式教学充满自信。

2.现行教材编写的内容无法满足自主探究式教学模式的需要

现行大学物理教材采用系统化的方法梳理学科知识，注重学生对现有知识的牢固掌握，因此含有大量的物理练习内容，以加强学生对现有知识的理解。然而，这些教材往往只注重对理论概念和定律的直接介绍，没有给学生足够的发现、探究和创造的空间。教材偏重于物理知识，而忽略了对物理实验与探究的教学，导致学生难以从教材中体验到物理思维与探究方式。此外，一些教材中的物理实验大多是经验式的，导致学生只能照搬和模仿教学过程和教学方法。

3.学校教学环境和条件难于满足学生科学探究的需要

虽然现在许多大学通过图书馆、网络和实验室配备了现代教学材料和设施，但分配给众多学生员的资源却严重不足。需要特别指出的是，由于实验室设备和加工设施的数量不足和不齐全，学生们无法实施他们提出的某些方案。这是独立探究教育的一个重要的物理制约因素。此外，由于人口的急剧增加和教育资源的不足，现在大多数大学的班级人数规模都很大，通常是30 ~ 40人，在大班的大学物理教学中，大学生在自主探究式学习中的交流机会也受到了极大的限制。

4.评价方式和教学时间是制约教学改革的瓶颈

传统的教学评价多注重学生所掌握的知识、技巧，可以用简易的定量的方法来衡量，而自主探究式教学则注重学生的探究体验、学习科学的方法、培养学生科学价值观，其难以用定量的方法来衡量。因此在很大程度上导致在大学物理教学过程中，教师往往会忽略学生的科学探究体验，忽略对学生科学方法和科学态度的培养，忽略对学生正确价值观的培养。当前，各类大学对学科教学的评估主要集中在知识与技能的实现上，而对教师自身的教学评估则存在较少的改革余地。这制约了教师在“自主探究性”的教学中采用不同的评价方式。此外，基于知识和技能的评估方案要求教师在“教学任务”上花费大量时间，学生在“独立和调查性学习活动”上花费大量时间，可能会加剧课堂时间紧张的问题。

通过在大学物理教学中实施“自主探究”模式，可以显著增强学生的学习兴趣、动机、自主意识以及探究意愿。此模式不仅有助于改变学生的学习方式与习惯，更加强了学生的自主学习和科学探究能力，塑造了学生的学习方法和观念。在这一教学过程中，学生展现出积极主动、充满活力、善于合作且自信的特质，这些素质对于他们的全面、持久发展具有非常重要的作用。

（三）大学物理自主探究式教学模式的策略

1.大学物理自主探究式教学模式需要注意的问题

第一，在大学物理自主探究式教学中，要注意师生角色的转变，教师由“传道人”向“指导者”转变，学生由“被动接受”向“积极探索”新知识转变。教学以学生为中心。

第二，在大学物理自主探究式教学中，教师应注意在情境的设定上要充分考虑到物理学的特点，运用物理学的趣味性，引起学生的好奇心，使探究式学习顺利进行。

第三，教师在设定大学物理教学情境的时候应充分考虑到学生的学习状况，以避免学生在后续的探究活动中受到外部环境的制约，进而挫伤学生的探索热情。

第四，大学物理教师和学生要彻底摆脱传统教学的陈旧思维，以全新的教学理念参与到自主探究式教学中来，避免新的教学模式和旧的教学模式无法进行有机结合，避免探究式学习流于形式。

第五，实施大学物理自主探究式教学时，教师应注重使用多元的评价方法，避免使用单一、定性的评价方式来限制学生的自主探究活动。自主探究式教学的各个阶段并非固定不变的，教师可以根据不同的课程类型和学段的具体需求进行增加、删除或修改。此外，独立探究并非孤立的存在，其有时可以与其他有效的课堂教学方法相结合，使课堂充满活力。要判断一种教学模式是否成功，关键在于课堂教学是否真正体现了“以人为本”的理念。自主探究式教学模式的根本出发点是促进学生的全面、持续、和谐发展。

2.大学物理自主探究式教学模式的实施策略

（1）给予学生充分的思考和探究的空间

大学物理自主探究是一种以特定教学内容为基础的教学活动，它要求学生针对特定问题展开探索。在此过程中，学生能够依据已掌握的知识，自主地进行探索、发现并掌握物理知识。学生可以通过观察、操作、猜测、验证、收集材料，以及根据自身经验进行类比、分析，进而总结出初步的结论。

在这一过程中，大学生可以借助他们以往的知识和经验，加工和理解新的知识和内容。在大学物理教学中，学生有足够的时间和空间去进行探究与思考。此外，教师还应鼓励学生大胆地猜想、提出疑问、提出异议。尤其是当学生的观点不正确或存在偏见时，教师应给予他们机会，让他们自己找出问题，而不是直接用自己的观点去取代他们的看法。换句话说，在大学物理教学过程中，教师应充分给予学生思考和探究的空间，避免越权，最大程度地为学生留出自主研究和自主学习的时间。

（2）善于合作交流

在大学生自主学习物理的过程中，会遇到各种问题，并通过协作和交流的方式寻找答案，教师则提供正确的答案。这种交流方式有多种形式，包括学生自由交流、小组交流、教师组织课堂交流以及辩论交流。在交流过程中，学生可以充分展示自己的思考方式和过程，与他人进行探讨和分析，从而更好地认识知识的规律和解决问题的途径与方式。这种交流方式可以让学生对知识有更深入的了解，并掌握更多学习科学的方法。在学生之间的交往中，学生可以互相学习，加强协作，增进沟通。自主探究是合作学习的基石，而合作学习则是培养学生自主探究能力的重要途径。学生在自主学习和探究过程中，如果没有对已学到的知识进行初步理解，是不可能进行合作学习的。因此，合作学习不能过于频繁，学生应在自主学习的基础上，以小组为单位进行合作学习。当学生在学习中遇到困难或自己无法解决问题时，教师可以组织学生进行合作学习。

（3）加强师生互动

在大学物理学习中，学生有时会遇到一些自己无法解决的问题。此时，学生需要具备独立学习、沟通合作的能力，并将知识应用到解决实际问题中。为了帮助学生建立清晰的知识网络并能够将其应用到相关问题中，教师需要使用简洁精准的语言，进行深入阐述和强调。然而，教师也不应过度解释，而应对学生普遍提出的问题进行分析和重点讲解，因为教师清楚哪些问题至关重要且具有广泛应用价值。教师的角色是引导者，必须发挥强大的引导作用。

第三节　翻转课堂教学模式

一、翻转课堂教学概述

正如我国教育信息技术学院副院长焦建利教授2013年在他的博客中所言，翻转课堂的案例并不是教学技术或者设备的革新，它再次向人们证明了一个事实，即技术并不完全是有形的媒体和硬件，流程的变化也能带来生产力的巨大变革，如同三级轮耕对农业的变革一样。① 翻转课堂的出现，为大学物理教学提供了一种新的教学方法。

（一）翻转课堂教学模式的内涵

翻转课堂，就是在信息化环境中，教师提供以教学视频为主要形式的学习资源，学生在上课前完成对教学视频等学习资源的观看和学习，师生在课堂上一起完成作业答疑、协作探究和互动交流等活动的一种新型的教学模式。也有学者认为，教学视频并非翻转课堂的核心，对传统教学流程的颠覆和基于“以学生为中心”的思考才是翻转课堂的真正含义，翻转课堂的成功得益于探究性学习和基于项目的学习带来的主动学习。②

多家全球性在线教育公司和教育研究机构都对翻转课堂模式进行了研究和实践探索。有公司认为翻转课堂是一种学习者在家中通过互动和教师创建的视频学习，将家庭作业转移到课堂上的教学模式。英特尔全球教育总监布莱恩·冈萨雷斯（Brian Gonzalez）认为，“颠倒的教室”是指教育者给予学习者更多的自由，在教室外传授知识，让学习者选择最适合自己的学习方式，并将知识内化的过程放在教室内，以促进学生和老师之间更多的沟通和交流。翻转课堂教学模式是直接讲解和建构主义学习的混合学习方式。它是把传统的面对面教学方式的优势和E-Learning（数字化或网络化的教与学方式）的优势结合起来。

（二）翻转课堂教学模式的特征

翻转课堂教学模式是提高师生间相互交流和互动的一种方式；翻转课堂是一个可以让学生自己去学习的地方，教师就像是“教练”一样，而不是“圣人”；将翻转课堂教学直接解释和建构主义相结合的方法。翻转课堂的内容可以被永久保存，供学生复习或补充，全班学生都能积极地学习，每个学生都能接受个性化的教育。如今，“翻转课堂”教学理念的提出引起了教育界专家学者的极大重视。其特有的科技感与实用性之所以得到应用者的一致好评，主要是因为其具有六个显著特点。

1.重新定位教学主体

信息技术与教育教学的综合发展引发了教学主体的变动，教师不再是教

---

① 陈理，张玉华．翻转课堂“两包三环”教学模式在中小学教学中的创新实践［J］．中国现代教育装备，2016（18）：21-24.

② 张倩．翻转课堂及其在大学英语教学设计中的应用［J］．海外英语，2016（07）：58-59.

学过程中的“领军人物”，学生也从“倾听者”一跃成为推动教学环节展开的关键角色。在翻转课堂的教学过程中，教师主要起引导作用，并掌控整体教育教学的方向，使教学内容不偏离正轨。

2.依附信息技术

当学生离开课堂教学，进行课下自主学习时，会出现不能自行解决的学习问题，如不能及时获得专业帮助，他们就容易产生放弃学习的消极心理。所以，翻转课堂中信息技术的使用可以帮助学生与教师进行实时沟通与交流，方便学习资源的传递。要想将信息技术融入课堂教学，教师必须具有较强的计算机网络操作能力，并不断提高个人的综合素质。

3.采用短视频教学办法

在翻转课堂中所采用的短视频教学是对教学内容进行的精准提炼，大部分短视频的时长保持在 2 分钟左右，最长则不超过 10 分钟。短视频的使用优势是可以在极短的时间内概括一个知识点，使学生的大脑神经处于较为活跃的状态。教师在学术视频网站进行短视频教学，也有助于学生回顾未掌握的知识。

4.教学内容输送清晰

翻转课堂中应用的学术性视频网站与传统的多媒体教学录像相比，其画面更加简洁，并且不会因为教室的陈设分散学生的注意力。当学生在观看视频时，可以学到精准传输的专业知识，这确保了教学环境的针对性，使翻转课堂的教学环境真正起到了将学生作为教学主体的作用。

5.创新搭建学习环节

对教育教学基本环节的翻转是翻转课堂改变传统教学模式最为显著的特征。学生在学习的过程中通常会经历两个环节：一是对知识的获取，在学习伙伴或教师的帮助下接收新的学习信息；二是对已接收的学习信息进行“自我消化”，学生除了在课堂上对知识进行认知以外，在课后对教学内容的再认知也是至关重要的。在学习的第二个环节中，学生常会因为脱离了教师的专业帮助而无法自行解决问题。翻转课堂针对此种现象创新并搭建了学生的学习环节，将学生对知识的获取设置在开展教学之前，教师可组织学生通过观看学术性网站中的专业知识短视频来进行课前预习，并在线上指导学生的疑点和问题。学习信息“自我消化”的环节转移到教师的教学活动中进行，在课堂上教师可以根据教学进度真正做到因材施教，面对面的学术交流也有助于培养学生之间团结协作的学习精神。

6.简化学习总结过程

翻转课堂中的短视频教学法同样可以应用于学习中的归纳总结环节，学生在吸收了专业知识后，教师可在视频中部或视频尾部设置几个与课堂内容相关的问题，便于对学生掌握学习内容的情况进行摸底。学生在回答问题的过程中，可根据正确率自行判断问题产生的缘由，并通过重复观看专业知识视频找到产生问题的原因。教师可以通过大数据手段对学生的学习情况进行综合处理，并规避已在教学过程中产生的问题。根据德国心理学家赫尔曼·艾宾浩斯（Hermann Ebbinghaus）对人类学习新事物过程中遗忘规律的探究，翻转课堂中短视频教学法的应用可以帮助学生对新知识进行有效复习，教师可以在后续的教学过程中加强对相关专业知识的强调频率，从而更好地帮助学生进行知识的总结与深化。

（三）翻转课堂的教学条件

我国大学采用翻转课堂教学模式的根本目的在于帮助大学生进行积极的主观学习，依照以人为本的教育理念，在教学过程中帮助大学生占据课堂教学的主导地位，并充分利用信息技术的优势，将课堂教学与互联网高新技术相互融合，最终实现课堂“翻转”。

1.学生在课堂中的地位“翻转”

我国的大学生往往在其中小学阶段就已形成了在课堂中扮演“倾听者”角色的思维定式，导致他们在大学阶段延续了这种被动的学习习惯。学生在翻转课堂中可以紧随教师的授课思维进行自发性学习，如在课程预习阶段，学生可以登录学术视频网站观看线上短视频，对课程内容进行了解；在课程教学阶段，学生可以利用数字化工具与教师进行积极互动；在课后作业阶段，学生可以启用智能终端收集学习资源，强化知识架构。总而言之，翻转课堂教学模式的应用有利于学生在自主学习思维的基础上成为学习的主角，并对教学内容起到一定的润色作用，还有利于教师教学活动的开展。但如何打破学生“倾听者”角色的思维定式，是践行翻转课堂所必须面对的根本性问题。

2.教师在教学过程中的综合“翻转”

“颠倒教室”并非让学生毫无规划、自由自在地学习，而是通过教师精心设计的教学活动，激发学生的积极主动性。翻转课堂教学模式与传统教学中仅仅依赖教师口头传授和板书引导相比，教师扮演着更加多元的角色。

翻转课堂教学的课堂阶段通过师生交流互动、问题探讨和质疑解决来内化知识。传统的“教师一言堂”显然与翻转课堂教学的师生和生生交流不一样。要开展翻转课堂教学，教师必须尊重学生的个性，积极引导学生发散思维，并构建开放的课堂氛围。

3.教学方式的立体“翻转”

翻转课堂教学模式着重强调师生之间的互动反馈，然而，这无疑会增加教师的工作负担。随着现代信息技术的不断发展，翻转课堂教学模式最大程度地突破了时间和空间对师生以及学生之间交流的限制。即使在教育信息化程度较高的国家，要真正实现翻转课堂教学也面临一定的挑战，因为这不仅需要学校具备必要的硬件基础设施，还需要教师掌握信息技术。

翻转课堂是一种让学生发挥学习主体性的教学方法，同时也代表了对传统授课方式的信息化改革。了解并明确我国大学实施翻转课堂所需的基础条件，有助于我国大学在客观的基础上进行翻转课堂的尝试，最终实现教育信息化的目标。通过以教育信息化推动教育现代化，可以解决制约我国教育发展的难题，促进教育的创新与变革。这是我国加速从教育大国向教育强国迈进的一项重大战略选择，也为翻转课堂教学的全面实施带来了希望。

（四）翻转课堂教学模式的优点

1.“翻转”让学生自己掌控学习

在翻转课堂上，学生可以通过教学视频简化学习过程。相比在传统课堂上紧张地听教师讲解，学生可以在更轻松自在的环境中，如寝室或家里，随时随地学习线上视频课程。视频课程的节奏和速度由学生自己掌控，已经掌握的知识可以被快速跳过，可以反复学习复杂难懂的部分，学生甚至可以在需要时暂停，进行深入思考或做笔记。学生还可以随时记录问题并向教师或同学寻求帮助，利用内置的或第三方的聊天工具进行交流。

2.“翻转”增加了学习中的互动

翻转课堂最大的优点在于鼓励学生进行全方位的互动，这种互动主要体现在学生与学生之间以及教师与学生之间的互动行为。在教学内容和教学指导方面，教师需要花费大量的时间和学生交流、提供解答和帮助，教师组织学习小组，参与师生互动，对学生进行教学。教师在检查学生作业时，发现有些学生会遇到同样的问题，因此，教师会将他们召集起来，组建一个指导小组，必要时为有同样疑问的学生开办小型教学讲座。这种授课方式的最大优点在于教师首先为学生提供辅导和帮助，当学生有问题时，可以马上求助。教师在教学中发挥引导作用，而非单纯的内容提供者，从而为学生提供更多学习和交流的机会。

在实际教学中，教师会发现，学生在自主组织的协作学习团队中表现得非常积极。学生可以互相学习、互相促进，使教师从单一的知识传授者的角色中解脱出来。这种教学方法具有神奇的效果，学生之间主动合作、探讨的方式让教师充满信心。当学生发现教师对他们的学习方法持尊重态度时，他们往往会做出积极的回应，会逐渐意识到教师在课堂上不是下达指令的，而是对他们的学习进行引导的。教师的目的不再是让学生机械地接受知识，而是帮助他们成为自主的学习者，更好地掌握课程内容。当学生看到教师就在他们身边，与他们一起讨论问题时，他们会尽力给予回应。有些教师可能会疑惑、如何帮助学生建立一种学习文化？关键在于让学生明白，目标不在于完成任务，而在于学习。因此，教师应关注如何让课堂更有意义，而不是让学生感到自己在从事一项枯燥的工作。

二、翻转课堂教学模式在大学物理教学中的实施

（一）实施过程

1.课前知识传递阶段

（1）课前视频的制作

①课前视频制作原则。教师在制作大学物理翻转课堂教学视频时，需要注意一些通用的原则和要点，这些原则和要点是直接影响学生是否喜爱教学视频、学生能从教学视频中学到哪些知识的关键。只有充分理解和掌握这些原则和要点，才能制作出让教师满意、学生受益的教学视频。以下是对这些原则和要点的简单介绍。

第一，有动有静，节奏恰当。在大学物理教学视频中，教师怎样做才能吸引学生的注意力？一是可以采用一些学生不是特别熟悉的形式，如插入动画、绿幕抠屏。二是教学视频应当避免单调、枯燥，一些由游戏或问题改编而来的教学视频往往能取得非常好的效果。个性化且生动的教学视频往往比演播室里制作的标准视频更具吸引力，更能提高学生的学习兴趣和参与度。三是要使教学视频保持动态，不要让画面和声音停顿太久。大学生往往钟情于从空白到丰富的画面过程。如果因为某些限制因素，不得不使用 PPT 录屏，那么应让知识点一个接一个地呈现，而不是一下子填满整个屏幕。大学物理教师也可以在 PPT 中增加一些动画效果，让其看起来更吸引人。四是学生在使用教学视频时可以自由控制播放和暂停，因此，大学物理教师可以适当提高语速。考虑到学生主要是在课余时间利用教学视频进行自主学习，教师在录制视频时应当充分考虑学生的学习节奏、学习时间和学习能力。同时，教

师应明确指出学习的目标与顺序，帮助学生了解学习任务和预期效果。另外，为了满足不同学生的需求，教师可以将教学视频分为必选、可选和推荐三个等级，以便为学生提供更具针对性的帮助。

第二，思路清晰，讲解动听。教师需要为一堂课准备多个教学视频，为了帮助学生更准确地构建知识框架，大学物理教师需要在第一个视频中讲解知识体系和梳理知识点，让学生从一开始就对知识有宏观的认识。在每个视频的结尾，教师可以针对教学中的重点和难点进行总结和梳理。教师的讲解应尽可能与真实场景相联系，深入浅出，并掌握好教学视频的难易程度，以便学生更好地理解知识点。教师可以把难以理解的知识或需要动手操作的题目留在课堂上讲解。此外，教师的讲解方式可以多样化，如用讲故事的方式讲解大学物理知识，这种方式不仅容易吸引学生，也更容易让他们接受和理解。

第三，短小聚焦，目标明确。如果教学视频的时间过长，那么学生的参与度就会下降。一般来说，10 分钟左右的教学视频最为合适。但这并不是绝对的，针对不同的教学形式、时长，教师可以做不同程度的调整。在制作大学物理教学视频时，还要减少冗余信息和干扰。在视频内容上，要讲解与课程密切相关的知识；在形式上，凡是在物理教学视频中出现的课件，一定要注意其字体、字号、行间距、颜色等，要突出重点信息，要让学生明确课程的目标。此外，教师还要注意大学物理教学视频不能过于花哨，以免将学生的注意力转移。

第四，设置问题，引发思考。教师应该尽量避免在大学物理翻转课堂的教学视频中将所有问题都详细解答，而是设定问题点或埋下思考点，引发学生思考。学生如果对问题有疑问，可以在网络平台上交流。此外，在教学视频末尾，教师应该提出能促进思考或复习的问题，而不能让学生觉得视频结束后就没有后续。众所周知，师生一对一的指导效果要比一对多的授课效果好得多，因此在录制教学视频时，教师应该尽量使用“我们”而不是“你们”，并努力让自己的目光从提词器转向摄像头，让学生感觉教师一直在看着自己，有眼神的交流。大学物理教师还应该了解学生在学习视频中遇到的物理问题，并给予合理的反馈。教师在提出问题时，也要给予适当的停顿时间，让学生进行思考，让学生感觉教师时刻都在关注自己。

第五，保证技术，提高质量。为确保技术规范，教师需要注意画面的稳定和流畅，并尽量避免使用清晰度低的视频。此外，画面声音的问题也是一个重要因素。合适的音量和安静的环境是保障学生有效学习的关键因素。因此，大学物理教师在录制视频时需要找一个相对安静的地方，以确保视频录制的效果和质量。

②课前视频制作步骤。教师在制作和使用大学物理翻转课堂的教学视频的过程中，需要遵循一定的规范。课前视频制作主要包括五个步骤：了解、整理、制作、发布和反馈。

第一，了解。在这个阶段，需要主要了解的内容包括学习者的能力、所处的环境，以及学习者的学习时间。大学物理教师首先需要对学习者进行全面分析，了解他们的需求、兴趣、能力和学习目标。接下来，教师需要分析自身的情况，评估自己有多少时间和精力来制作教学视频，以及自己的多媒体素养水平。综合考虑这两方面的因素后，教师可以得出什么样的物理教学视频适合学生，并且能够吸引学生的注意力。

第二，整理。这个步骤主要包括两个阶段：首先是素材准备阶段。在这个阶段，大学物理教师需要准备所需素材，如图片、PPT、音频和视频。教师对这些素材不仅要在头脑中有所构思，更要实际准备到位。在素材准备完毕后，每位教师都需要制作一份拍摄脚本，详细标注每一段教学内容的教学形式、所需配套的教学资源以及时间长度。这样，教师在后期制作时将更加便捷。教师完成脚本后，教学视频的整体面貌就能确定下来，接下来要面对的就是技术实现的问题了。

第三，制作。在制作大学物理教学视频时，教师应主动遵循制作原则，以确保视频的质量。然而，需要明确的是，教学视频的核心并非技术，而是教师本身。教师应以自己的热情和对教学的精心设计来感染和引领学生，这是至关重要的。技术只是辅助工具，而教师的专业素养和热情才是决定视频质量的关键因素。

第四，发布。在发布大学物理教学视频时，需要关注两个主要方面。一是视频的发布形式，即教师如何将教学视频传递给学生。一些教师会选择使用学习网或教学平台等工具，而另一些教师则倾向于使用网盘或网络储存来将资料上传，供学生下载。二是视频的发布时间。通常，教师可以提前2至3天将视频发送给学生。这样做不仅可以确保学生有足够的时间观看，同时也为教师提供了接收反馈的空间，此外，这也有助于学生巩固之前所学的物理知识，避免遗忘。单独发布教学视频可能不是最佳选择，最好能配上课前学习任务单。有了这份任务单，再结合教学视频，学生可以按部就班地观看视频，使整个物理教学过程更加有序、有法可循。

第五，反馈。首先，大学物理教师需要获取学生观看视频后的反馈，包括学生对哪些视频内容已理解，哪些尚未理解，以及他们希望深入探究的主题等。教师需要了解这些情况，并据此调整课堂上的活动设计。其次，为了激励学生，教师需要为表现优异的学生提供奖励，并建立相应的激励制度。最后，根据学生的建议，教师需要优化之后的教学视频的风格或呈现方式，以使视频更加完善。

③视频制作及播放问题。

第一，视频过大导致软件崩溃。虽然将物理知识点分解后做成的视频时长只有 15 分钟，然而，视频仍可能占用较大的内存空间，并可能导致软件崩溃。为避免这些问题，大学物理教师可以先录制短小的视频片段，然后将这些片段与其他视频合并成一个完整的视频，在将录制好的视频上传至共享空间时，应采用压缩技术，以便学生轻松下载。

第二，将课堂内容直接复制到视频中。在大学物理实验中，课前视频授课方式与传统授课方式存在显著差异，不能使用传统课堂上的录像来代替课前教学视频。一个明显的区别是，在传统课堂上师生可以实时交流，而学生在课前视频中无法与教师直接交流。因此，大学物理教师需要改变传统的授课方式，使视频内容更加生动有趣，以引起学生的兴趣。此外，传统课堂教学面向整个班级的学生，而课前视频学习类似于一对一的授课形式。因此，教师需要注意语言上的技巧。

第三，重点内容没有文字提示。在大学物理教学过程中，对于重点、难点、公式、图表、注意事项和易错点等，教师应该通过添加文字或图片进行突出显示，以提醒学习者给予足够的重视。然而，在大学物理教师制作的物理微视频中，如果只是单纯地对 PPT 进行录制，可能会导致一些学生无法准确把握重点。因此，教师在使用 PPT 的同时，可以加入一些物理知识的动画效果来帮助学生更好地理解并引起学生的重视。

（2）课前学习单的设计

为了更好地配合学生进行视频学习，教师设计的以表单形式呈现的指导学生自学的方案，称为课前学习单。

①课前学习单的内容设计。课前学习单的主要目的是为学生介绍本节课的学习内容以及重难点，并提供有针对性的学习建议。此外，课前学习单还包含学生需要思考的问题以及课前需要完成的作业等内容。

②课前学习单的设计原则。在制作课前学习单的过程中应遵循以下原则。

第一，简洁性原则。制作课前学习单的主要目的是给学生提供明确的指导，避免出现学习混乱、随意和无效的学习行为。通过课前学习单，学生可以更加有目的地学习，采用正确的学习方法，减少走不必要的弯路。为了实现这一目标，大学物理教师在设计课前学习单时需要注意简洁明了，使学生能够快速了解本节课的物理学习内容、重难点以及学习方法等关键信息。

第二，导向性原则。在课前学习单的最后部分，大学物理教师会提出一些需要学生解答的物理问题，教师会将知识点和重难点转化为具有内在逻辑关系的问题，从而使学生能够带着问题自主探究。通过解决这些问题，学生可以感受到成功的喜悦，同时也能增强他们的自信心。这种设计方式使得原本无从下手的知识点变得有迹可循，同时也提高了学生的自学能力。

第三，系统性原则。每个学习单元之间都存在相互关联，每个学习单元都包含至少一节微课。每节课的课前学习单的模块都是相同的，因此，每节课的课前学习单本身具有系统性。同时，老师要注意将每节课的课前学习单之间的内容相互衔接，大学物理教师在设计课前学习单时需要考虑知识本身的系统性，确保每个学习单元之间的内容相互关联，形成完整的学习体系。

2.课中知识内化吸收拓展阶段

学生通过微视频和课前学习单自学物理知识后，其对本节课的物理知识点已经基本掌握。倘若教师依然采用传统课堂的模式，将内容再讲述一遍，那么课堂教学便成了赘述，毫无价值可言。真正意义上的翻转课堂实施过程，建立在教师充分相信学生的自学能力的基础上，教师利用课堂空间，将知识进行扩展和深化，通过多样化的学习活动引导学生进一步理解并掌握知识，同时提升学生的各项能力，全面提升学生的学科素养。总之，大学物理翻转课堂的课堂实施部分非常重要。

（1）学生汇报

首先，教师选一名学生来回顾上一节课的核心概念与定义，再请另一名学生为大家简要介绍本节物理课将要学习的主题。每次课堂上，教师安排两名学生进行这样的展示。随后，教师会给予及时的点评，并总结本节物理课的学习内容，强调重点与难点，以帮助学生理清知识体系。

（2）做自测试题

其次，教师在讲解完物理知识点后，让学生进行自主测试。通过一些看似简单的测试题，教师能够有效地了解学生的概念错误，并激发他们的讨论。通过学生的自主测试，教师可以了解他们的自学状况，并据此及时调整物理课堂的教学内容。

（3）问题的讨论

接着，教师让学生提出有价值的物理问题，并进行讨论。这些问题中有的问题是部分学生能够回答的，对于这些问题，教师可以请学生回答，然后进行补充、概括、总结。还有一些问题是大部分学生没有思考过的问题，对于这些问题，教师可以发动大家一起讨论，找到答案。在大学物理翻转教学的过程中，如果有些问题是学生尚未提出的，但其实际上需要引起关注或者可能存在难点，教师应该将这些问题提出来供大家讨论。

（4）做学习辅导

最后，教师要留出一些时间供学生进行学习辅导，以巩固本节物理课所学的知识。考虑到课堂时间的限制，大学物理教师需要精心挑选一些高质量且有针对性的题目，以帮助学生进行巩固和提高。

（二）实施中的常见问题及解决方案

1.课前实施常见问题及解决方案

（1）课前实施常见问题

①学生预习的深度不够。在每节物理课前，大学物理教师会将本节课的学习内容以公告的形式发布到群里，并要求学生按照指示完成任务。然而，学生往往没有充分完成这些任务。例如，有些学生提出的问题与课件中已明确解释的问题重复，这表明他们并没有进行深入的物理知识预习。另外，有些学生可能会直接复制粘贴 PPT 上的问题，这也进一步表明他们的预习并不深入。

②学生提问敷衍了事。在大学物理翻转教学的课前，教师会要求学生预习该部分物理知识的内容，并针对不理解或不明白的地方提出问题。在大学物理翻转课堂实施的初期阶段，学生提问的积极性较高，问题也较多。然而，随着课程的深入，学生提出的问题不仅减少了，而且存在与其他学生相似或雷同的现象。有些学生甚至为了获得较高的平时分，提出一些简单的问题，这些问题的答案往往可以直接在物理教材上找到。

③不能充分利用教学资源。教学资源包括课件、教材、自测题、思考题、辅导题以及微视频。这些教学资源十分充足，可供学生使用，其中包括学生预习所需的课件，以及复习时可以使用的辅导题。如果学生将这些资源有效地利用起来，一定能够达到教师的要求。但是在实施大学物理翻转课堂的过程中，有些学生并不能将这些资源合理地利用。例如，从学生的辅导题的完成情况来看，主要存在两个问题，一是学生不能按时完成，二是辅导题完成的质量不佳，存在抄袭现象。

（2）课前实施问题解决方案

①教师严格督导。大一新生刚刚经历过高考，自主学习能力较差，对大学的学习方式还不太适应，因此需要教师严格督促。为改变学生应付和拖延的情况，大学物理教师应在适当的时间提醒学生应该做什么，以帮助学生尽快适应并主动投入学习。

②设定奖惩措施。学生最关心的是成绩，大学物理教师可以将学生的课前学习与平时成绩挂钩。例如，根据学生的提问次数和课外练习的完成情况来评分，可以提高学生自主学习物理的积极性。然而，这种做法需适度，因为教师在实际实施过程中发现，当将平时成绩和提问次数挂钩时，学生可能会提出一些无关紧要的问题以获取好的平时成绩。

③变被动为主动。学生通过被动方式学习，如听讲、阅读、观看演示等，物理知识的平均保留率较低；而通过小组讨论、动手实践、向他人教授知识或应用所学知识解决问题等主动学习方式，物理知识的平均保留率较高。因此，为了提升大学生知识的保留率和学习积极性，大学物理教师可以加强学生的课前互动。例如，让学生以宿舍为单位一起观看物理知识的视频，进行互动讨论和交流。同时，学生之间应相互协助，扮演老师的角色，解答同学的疑问。通过让学生由被动转为主动，可以提高其知识的保留率。

2.课堂实施中的常见问题及解决方案

（1）教师角色转换问题及解决方案

长期以来，大学物理教师已经习惯在传统课堂上把知识讲得清晰透彻，教师扮演着课堂的主导者甚至是主宰者的角色。然而，实施大学物理翻转课堂后，教师转变为指导者和促进者的角色，而学生则成为课堂的中心。然而，一些教师对于这种角色转变感到很不适应。通过与授课教师沟通发现，教师往往对学生的自学效果不放心，他们总感觉学生没有讲到位，不知不觉地接过学生的话题并开始滔滔不绝地讲解起来。这是翻转课堂实施时遇到的一个问题。

为了尽快适应大学物理翻转课堂中的教师角色，授课教师可进行以下尝试。例如，阅读各种自学理论，改变以教师为中心的教学理念；给自己规定，一节课的讲授时间一定要控制在一定的时间之内；观看物理翻转课堂的优秀课，找到自己和别人的差距；给自己的课堂教学录像，课后通过观看录像反省自己的教学行为，等等。

（2）学生合作参与问题及解决方案

教师根据大学物理翻转课堂学习过程中的平时成绩反馈情况，发现部分学生不太愿意参与学习群内的讨论，也不主动提出问题，这导致他们的平时成绩偏低。部分学生由于性格或学习困难等原因，在合作学习中往往扮演听众的角色，若长期如此，他们的思维、表达和交往能力都得不到有效的锻炼。

为了改变上述情况，大学物理教师需要在班级中营造出民主宽松的学习氛围，尊重并爱护每一个学生。当“后进生”进行物理实验展示时，无论其做法是正确的还是错误的，教师都应积极鼓励并保护他们的自尊心。此外，“小组发言人”的角色应由学生轮流担任，以确保每个学生都有上台展示的机会。经过一段时间的锻炼后，“被逼展示”将逐渐转变为“自愿展示”。

（3）教师与学生沟通问题及解决方案

在大学物理翻转课堂教学实施的过程中，许多学生在自我学习时不知道如何向教师提出自己的疑问。这与传统教学中重视知识掌握的做法有关，如果长期不给予学生质疑的机会，他们的质疑能力就可能逐渐被弱化。因此，面对丰富的学习资源，学生不会质疑或者只能提出一些表面性的问题，也就不足为奇了。

那么，如何培养学生的质疑能力，使他们学会与教师沟通的技巧呢？大学物理教师应该从鼓励学生大胆质疑开始，只要学生提出物理问题，无论问题是否有价值，教师都要给予鼓励和表扬，以激发学生的积极性。同时，在学生不主动提问的情况下，教师可以主动询问学生，引导学生从被动地张开嘴到主动地质疑。

第四节 混合式教学模式

一、混合式教学模式的内涵

教学模式指的是具有独特风格的教学样式。这是对相当多的教学实践的理论总结，一定程度上揭示了教学活动的普遍规律。一般而言，教学模式并非具体学科内容的指导，其主要价值在于对普遍性教学提供参考，具有一定的稳定性和普适性。教学模式在特定的教学目标、条件、理论和实践的共同影响下逐渐形成，教学模式既是一种教学理念，也是一种教学实践，其最终形成理论结构，最后回到教学的实践中。在教学过程中，任何一位教师都可能自觉或不自觉地采用一定的教学模式，而每种教学模式都有其时代性和适用度。随着时代的推进和社会空间的变迁，新的教学模式不断涌现，而混合式教学便是其中的典型例子。

“混合式教学”的定义是由美国培训领域最前沿的思想家之一的艾勒

特·马西埃（Elliott Masie）在研究了传统学习理论与E-learning学习理论后提出的。人们对混合式教学的研究始于20世纪90年代末。2000年，《美国教育技术白皮书》第一次提出“混合教学”的概念。美国学者迈克尔·霍恩(Michael B. Horn）与希瑟·斯泰克（Heather Staker）在《混合式学习：用颠覆式创新推动教育革命》一书中，将“混合式教学”定义为：学生在学习过程中，至少有部分时间需要在家以外的能受到监督的实体场所，并且需要进行部分正规教育课程的在线学习部分，但整个学习过程中学生可以自主控制学习的时间、地点、路径或者进度。

混合式教学概念的演变与发展经历了三个阶段。在早期，美国斯隆联盟提出了混合式教学的概念，将其定义为“面对面”教学与在线教学的结合，融合了传统的面对面教学与在线学习两者的模式。具体而言，混合式教学在教学内容上结合了一定比例的在线教学和面对面教学。随着时间的推移，特别是在2007年之后，美国斯隆联盟对该概念进行了更新，进一步明确了混合式教学中线上与线下教学的比例，认为只有当30%～79%的教学内容采用在线教学时，才能称之为混合式教学。随着“互联网＋”的快速发展，2013年后，混合式教学的概念和内容进一步发展，被重新定义为基于移动通信设备、网络学习环境与课堂讨论的教学情境。在这一时期，混合式教学强调以学生为中心，创设一种高度参与、追求个性化学习体验的教学环境。国内最早正式倡导混合式教学模式的是北京师范大学的何克抗教授。他认为，混合式教学模式融合了传统教学和网络教学的优势，实现教师主导作用和学生主动性、积极性与创造性的共同发挥，是在传统基础上的以新技术为支撑的教学方式的现代创新。2004年，华南师范大学李克东教授在《混合学习——信息技术与课程整合的有效途径》报告中，创造性地提出了混合式教学的8个步骤，从具体的实践操作上对混合式教学进行了细致化、实际化和深层次的论述。之后，北京师范大学的黄荣怀教授提出，混合式学习是一种基于网络环境发展起来的新兴教学策略。[①] 综上所述，混合式教学旨在充分发挥“线上”与“线下”两种教学方式的优点，以改革传统教学模式。这种教学模式旨在解决传统课堂教学中存在的问题，包括教师主导讲授多而学生参与度低、教学受到空间限制、学生学习结果因个体特点或外部条件而存在差异等方面的挑战。

混合式教学是多元教育教学理论影响下的产物，其理论基础比较丰富，

① 谢玉华．基于混合式学习的“三主模式”教学研究［J］．中国教育信息化，2015（02）：53-56.

包括建构主义学习理论、联通学习理论、人本主义学习理论等。[①]其中混合式教学受建构主义学习理论的影响很大。美国心理学家、教育学家杰罗姆·布鲁纳（Jerome Seymour Bruner）的教育理论认为，学生是主动地接受知识，是接收信息的加工者。建构主义学习理论把关注点放在学习者的自主学习上，认为每个学习者都具有主动探索知识和发现知识的能力和倾向。建构主义学习理论对学习者自主学习的积极性和主动性的重视，与现代远程教育的教学特点和发展趋势极为相似。

如今，随着计算机的普及现代化科学技术的快速进步以及 MOOC（大型开放式网络课程）的兴起，混合式教学成为教育领域备受讨论和大受欢迎的"宠儿"。混合式教学利用新兴的线上教学方式，如翻转课堂，把传统的学习过程翻转过来，让学习者在课外时间完成针对知识点和概念的自主学习，课堂则成为师生实实在在的互动场所，从而提升教学效果，实现"线上""线下"两相结合的教学。通过"线上"和"线下"两种途径开展教学是混合式教学的外在表现形式。"线上"教学不是整个教学活动的补充和辅助，而是必备和升级。

二、混合式教学模式在大学物理教学中的应用策略

大学物理混合式教学应注重学生的主体地位，以促进学生的全面发展为目标进行教学设计。根据学生的现有知识水平，课堂被划分为不同的阶段，包括课前线上预习、线下面授课堂、课后线上个性化辅导等。通过这种方式，将抽象的物理知识转化为形象的知识，以增进学生对物理知识的理解，引导学生实现深度学习。线上虚拟实验平台和自主学习资源库的设立为混合式教学奠定了基础。在线下教学中，学生主要在实验室进行实际操作，而在线上教学中学生则通过虚拟实验平台完成实验。整个教学过程可以划分为六个部分，包括课前线上预习、线下课堂教学、课后线上讨论、完成实验报告、课后知识拓展以及课程考核。

（一）课前线上预习

充分的课前预习对学习非常关键，通过充分的课前预习能够有效培养学生独立思考和学习的能力，也有助于打破学习的被动状态，进而提高学习效率。学生学习的最大动力就是对学习的兴趣，而学生学习兴趣的培养跟教师

① 张志凯．中职混合式课堂教学模式初探［J］．江苏教育研究，2018（12）：71–74.

的教学成果息息相关。因此，在大学物理教学中，激发学生的学习兴趣至关重要，要使他们从被动接受知识变成自己主动地获取知识。

在大学物理的混合式教学模式下，教师可以提前一个星期将课程涉及的物理内容课件、科普小视频、优质教学视频以及网络学习链接等相关资料发布在平台上，并发起一个主题的讨论，以启发学生进行思考。同时，为满足不同专业的人才培养需求，教师可以针对不同专业发布不同的物理实用案例，让学生理解物理知识的实用价值，深刻体会学习物理的意义，进一步激发他们的学习兴趣以及积极性。学生可以通过教师发布的学习课件以及教学视频等资料完成对物理教学内容的课前预习，初步掌握教学内容的整体框架，从而提高上课的效率。而大学物理教师也可以依据学生的学习任务完成情况进行统计和总结，根据反馈的结果来调整物理教学内容的侧重点，让大学物理教学内容更加具体、更加具有针对性。

（二）线下课堂教学

学生是学习活动的核心，而教师则扮演教学的组织者角色。为了充分发挥学生的主体作用，教师应以学生为中心，通过促进师生和生生之间的互动，构建和谐的课堂氛围，使学生真正成为课堂的主导者，从而提升教学效果。在大学物理的混合式教学模式中，教师可以借助线上平台对学生的学习活动进行统计和总结，如完成学习任务、参与主题讨论以及学生反馈等。在此基础上，教师可以针对学生的共性问题，在课堂教学中进行重点讲解。同时，通过利用演示动画、小视频等直观的方式，教师可以将抽象的物理概念、原理和公式传达给学生，以加强学生的理解。教师还可以通过线上平台的签到、随机选人、抢答、投票、问卷等功能，增强师生互动与生生互动，营造积极的课堂气氛。此外，教师还可以根据不同专业的学生需求来调整教学内容的重点、难点，并发布与实际生活息息相关的案例，让学生进行分组讨论，以提高学生的主动性。

由于课堂时间有限，教师无法保证所有学生都能参与互动讨论。因此，未能在课堂上参与互动讨论的学生可以在平台上分享自己的学习见解，以便与教师进行课后互动探讨。通过以学生为中心的大学物理课堂教学，可以增强师生与生生之间的交流与互动，以此来提高教学和学习的效果。

（三）课后线上讨论

教师不仅是知识的传递者，还是学生自主学习能力的培养者。大学物理课程结束后，学生对知识的深化理解和应用显得尤为关键。教师可以利用线上平台布置课后作业，并设置学生之间的相互评价，以帮助学生巩固课堂知识，加深对课堂内容的理解。学生完成作业并上传到平台以后，可以在学习平台上进行相互评价，教师在及时给予学生完成作业和相互评价的反馈。针对学生普遍存在的问题，大学物理教师可以通过物理课堂进行有针对性的讲解。此外，学生可以通过上传的课件、教学视频等资料，对在课堂上没有完全理解和掌握的知识点进行再次学习。如遇到问题，学生可以通过微信、QQ、电子邮件等多种方式与教师进行互动交流，以得到答疑与解惑。

（四）完成实验报告

在大学物理的混合式教学模式下，要求教师将实验报告的模板上传至线上虚拟实验平台，然后，学生根据模板撰写相应的实验报告，对实验得出的数据进行深入的分析与总结。实验报告中包括原始数据记录、实验心得和体会，还可分享实验成功的经验、实验过程中遇到的问题和解决过程等。通过这种模式教师可以有效地监督并且引导学生认真对待每一个实验，锻炼学生的科学分析数据的能力，并促进他们的个人成长和进步。

（五）课后知识拓展

在课堂结束以后，大学物理教师可以提供多个与实验相关的拓展方向，供学生选择，学生可以自由组队讨论并形成研究报告，最终将报告上传至线上平台，与其他同学共享。同时，学生也可以自主选择拓展方向，包括深入研究物理实验理论知识、探索实验方法及改进实验过程等。此外，学生可结合自身专业特点，利用开放实验室和虚拟实验平台设计创新性实验，并利用自助学习资源库查找相关资料。大学物理教师要及时查看学生提交的报告以了解学生的学习情况。通过有效的课后拓展，教师可以引导学生将实验、生活和科技的发展联系起来，进而感受到物理实验课程带来的快乐。

（六）课程考核

评估考核是教学的关键步骤，用于衡量教学效果并确保教学质量。在大学物理教学中，为了更全面地考核学生对课程核心知识的理解情况，提高对教师教学效果和学生学习效果的评估的准确性，可采用多样化的考核方式。结合线上线下混合式教学的特点，课程的考核方式涵盖学生过程考核和期末考试，以形成课程成绩。

具体来说，过程考核占总成绩的 30%，其中线上考核占 30%，包括任务完成情况、视频和章节学习次数、专题讨论参与情况以及小测验。这部分的成绩将由线上平台根据学生的表现统计给出。线下考核占 20%，包括平时作业和课堂表现，这部分的成绩将根据学生的平时考核记录综合评定给出。期末考试成绩占总成绩的50%，期末考试的试题将根据课程目标和考核要求设计，以综合评估学生对物理课程基础知识和概念的掌握，以及学生对知识的综合应用能力。

第六章　大学物理教学中的创新教育

创新教育强调对学生的自主学习和问题解决能力的培养，倡导以学生为中心的教学模式，鼓励学生进行实践和探究，同时注重培养学生的创造力和批判性思维。大学物理教学中教师通过创新教育构建有效的教学模式，能够激发学生的学习兴趣，培养学生的科学素养和思维能力，促进学生的全面发展。本章围绕大学物理教学与创新教育、大学物理教学中的创新途径两个方面展开论述。

第一节　大学物理教学与创新教育

一、创新教育概述

（一）创新教育概念

创新教育的概念最初由美国经济学家约瑟夫·熊彼特（Joseph Alois Schumpeter）提出，但当时这一概念是用于经济领域的，后来才被应用于教育领域。如果想对创新教育有所了解，首先要认识创新一词。目前，我国对创新的观点是：创新是思想与市场的最佳结合，也是理论与实践的有机结合，是一种很好的表现形式。在新时代中，创新一直都是被强调的重要主题，也是教育发展到一定阶段必然面临和必须解决的问题。结合我国国情，实施创新教育是顺应时代发展的教育改革，因为只有通过教育理念和方法的创新，才能创造出孕育具有创新精神和创新能力的优秀人才的教育环境和氛围。作为一种新型的教育模式，创新教育使人们不断地将新技术、新思想、新知识转化为先进的生产力，并把培养人们的创新思维和创新能力作为最终目标。

关于创新教育，教育界中一直都存在着不同的观点，当前，比较具有代表性的有以下几种观点。创新教育在培养学生的过程中，不仅注重学科知识的传授，更关注学生基本技能的形成、创新潜能的挖掘以及创新能力的提升。创新教育的起点在于激发学生的创新意识，同时，创新教育的目标即让学生对创新产生热爱之情、形成创新思维，还要对学生的创新能力进行重点培养，这也是现代社会发展的一个显著需求。创新教育，实际上是一种新型教育形式，其主要目的是对创新型人才的培养。通过对上述几种观点的综合，可以将创新教育的概念界定为：创新教育，就是以社会主义现代化发展对人的要求为依据，对学生的基本价值取向进行培养，使学生能在创新方面建立起相应的意识，形成相关的素质，并具备相关的能力，以此来使创新型人才队伍的建设速度进一步加快的一种新型教育理论。

（二）创新教育的内涵

创新教育是培养具备高度创造性的个体的关键途径，同时也是推进教育改革深入进行的切实举措。关于创新教育理念的内涵，可以从两个方面着手：一方面，从创新教育的概念入手，从教育主体的角度对创新教育的内涵进行理解，如教育管理者对创新教育的认可、教师的创新能力、家长以及学生自身对创新教育的认识与理解等；另一方面，从教育教学过程的角度出发来进行理解，包括教育理念的创新、教材等教学内容的创新、教学手段和教学评价体系的创新等。

1.教育教学主体的创新教育内涵

（1）创新精神

在创新教育的内涵中创新精神处于核心地位。在教育教学过程中，要对学生进行创新教育，培养他们良好的创新精神。具体来说，创新精神包含的内容较为广泛，具体有以下几个方面。

①创新意识。一般来说，对创新意识的认识可归纳为：一种个体追求新知的内部心理倾向，如果这种倾向能够保持稳定性，那么，就会升华为个体的精神与文化。具有创新意识的个体，会有这样的表现：对自身以及自身所处的现状都存在不满，具有强烈的上进心，总是希望能够达成对自我的超越，因此会不断尝试做各种工作，以期实现这一目标，同时，具有创新意识的个体在奋斗的过程中还将体现不畏艰险、不怕苦难、勇往直前的优良品质。这种创新意识转变为创新能力的可能性是非常大的。

②创新情感。创新情感是以创新意识为基础而实现的。创新情感对于个体来说，其产生的作用和影响丝毫不亚于创新意识。在创新的实践过程中，需要个体付出自己的奋斗，付出自己全部的身体和心理上的能量，从而取得一定的成绩，而这些成绩会给个体带来一定的成就感，由此，也进一步催生出个体更加强烈的责任感，这对于其今后各方面的工作都是一种支撑。

③创新意志。在不断提高自己的同时，来自不同方面的干扰也会纷至沓来，这就要求创新个体排除干扰，使自己始终保持在最原始的状态，经得住诱惑，

对自己的工作更加专注，创新个体在这个过程中形成的坚定意志就是创新意志。

（2）创新能力

创新能力是指将新思想贯彻于实践活动从而完成创新成果的能力。学生的创新能力是由多方面内容构成的，如搜集处理信息能力、团队合作能力、人际沟通交流能力、协调指挥能力以及实践动手能力，这些能力可以归纳为两个方面，即创新思维和创新活动。这些创新能力对于实现资源的合理化配置、营造良好的创新氛围都是非常有帮助的。

①创新思维。创新思维，顾名思义，就是一个人在面对问题时其在思考方法以及思考层面的一种创新。通常，具有创新思维的人，都具有敏锐的感受能力、有灵活的思维能力、有对事物本质的洞察能力，其能够在实际中不被传统思维束缚，另辟蹊径找到解决的办法，达到事半功倍的效果。在创新教育的过程中，培养学生的创新思维是不可或缺的重要方面，因此，在大学物理教育教学过程中，需要对学生进行这方面的重点引导和教育。

②创新活动。创新活动，就是把创新思维所造就的新思路、新理论运用到实际中，不管是什么样的理论、思路，都必须经过实践的考验才能成立，否则就是没用的。创新活动就是要把创新思维得出的东西进一步夯实，进一步修改，以期能够达到理想的目标。同时需要强调的是，创新活动与创新思维两者并不是相互独立的，而是紧密联系、不可分离的。

（3）创新素质

创新素质是指个体在外部环境、培训教育和实践活动的共同影响下形成的相对稳定的知识结构、能力水平和品质素养。对于大学物理教育和教学中的教师和学生而言，创新素质是不可或缺的重要素质。

（4）创新人格

人格，被定义为个体在行为上的内部倾向性，主要体现在个体在适应环境时，其能力、情绪、需要、动机、兴趣、态度、价值观、气质、性格和体质等各方面的整合。因此，创新人格可以被理解为一种有机结合，它包含了科学的世界观、正确的方法论以及坚韧不拔的毅力等非智力因素。创新人格的主要表现涵盖了以下几个方面。

①能为自我实现提供必要帮助。

②兴趣上具有广泛性、稳定性与持久性的特点。

③做事勤奋，有较强的责任心。

④情感处于积极状态，自我控制情绪的能力非常强。

⑤有强烈的好奇心和满满的求知欲。

⑥竞争意识较强，还有强烈的危机感。

⑦有非常强的自信心，并且在处理事情上坚韧且有毅力。

⑧有勇气，做事果断，还具有很强的冒险精神。

⑨有独立的批判精神。

⑩有开放的心态以及团结协作的精神。

大学生发展时期，对于学生的一生来说，是非常关键的转折时期，这一时期表现出的特点是他们的心理、生理逐渐走向成熟，在其人格的形成方面有重要影响。这也是开展教育教学的重要目的。鉴于此，大学物理教师要将自身的引导作用充分发挥出来，为学生正确人格的形成提供必要的帮助。

2.教育教学过程的创新教育内涵

（1）弹性化的时间制度

弹性化的时间制度，就是改变过去固定时间的学习模式，在保证学习质量的基础上放宽对时间的限制。例如，将互联网应用于日常生活中，充分利用通过互联网能便利获取信息的优势，实行图书馆 24 小时开放，这对于学生来说是非常大的福利和便利。同时，学生在选择阅读时也更加便利，其时间限制大大降低，创新教育的针对性、个性化和自主性由此得以体现。

（2）学习模式创新

在创新教育理念的影响下，学习模式也发生了改变，被动式的学习模式已经无法满足创新教育了，创新型的学习模式应该是基于问题的学习模式，具体来说，就是创新型的学习模式必须能够对学生的各方面能力起到锻炼和提升的作用，涉及创新、实践、合作以及交流等各个方面。

3.创新教育与传统教育的本质区别

创新教育的涵盖范围十分广泛，除了涉及教育的目标、方法的改进和内容的调整外，还包含对教育体系的全面改革。从根本上说，推动教育创新的主要目标在于培养学生的创新素质与能力。尽管创新教育与传统教育都属于教育的范畴，但是，从本质上来说，两者之间的区别还是非常显著的，传统教育与创新教育的对比，如表 6–1 所示。

表 6–1　传统教育与创新教育的对比

	传统教育	创新教育
培养目标	培养出的人才是“知识生产者”，即具备解决精确领域问题的能力的人才	培养出的人才是“生产知识者”，即具备解决模糊领域问题的能力的人才
强调重点	将模仿和继承作为强调的重点，还要有较强的适应当今社会的能力	将变动和发展作为强调的重点，还要有较强的应变未来社会的能力
教学要求	教学标准较低，强调全面平推	教学标准较高，强调单项突破
获取知识	强调信息在储存、积累方面的能力	强调信息在提取、加工方面的能力
学习态度	被动接受	积极主动
学习思维	集中	扩散
教学形式	提供结论性的东西，是结论性教学，给学生现成的、唯一的标准答案	提供学习的思维过程，是过程性教学，提倡探索的设想方案，引导学生选择和决策

（三）创新教育的特征

1.全面性

创新教育对教育者的基本要求为：在教育创新过程中，不仅要考虑到学生对本学科教材知识的接受程度，更要使学生在关注自身学科知识的同时，更大程度地理解其他相关知识，使学生得到更全面的发展，为他们未来的学习和生活夯实基础。如此一来，学生所掌握的知识面能够更加广阔，不仅知识结构得以完善和优化，视野也会因此而变得更加开阔，为以后走入社会创造良好的条件，使学生偏科的现象减少，对学生的学习积极性的激发也是非常有帮助的。除此之外，思想上的全面性也很重要，学科知识的积累与扩展固然重要，但不是全部，教师还要对学生的学习思维以及兴趣爱好加以关注，这会对学生的学习产生指向性的作用。因此，大学物理教师要重点关注这方面，充分了解并把握学生的各方面特点、能力水平，对学生的优点以及兴趣爱好了然于胸，然后以此为依据，对不同的学生进行有针对性和有侧重点的引导，促进学生的优势方面得到进一步的强化，而对劣势或者不足之处，则要有效补充或改善，以此来有效保证学生的全面发展。

2.前瞻性

创新教育强调的是创新，这与传统教育有着显著区别。教育是不断发展的，现阶段的教育会在某些方面体现出对前一阶段教育的创新、完善，也为下一阶段教育的发展奠定了基础，指出了未来的发展方向。实际上，这也体现了创新教育的前瞻性特征。创新教育是一种科学合理的现代教育，其更适合人类的进步和发展，是在现实基础上培养创新人才的教育。这里所说的前瞻性，与超前教育之间是有区别的，只有有规律、有章法、有计划性的超前才称得上是前瞻性，不能将创新教育的前瞻性特点与那些毫无章法的超前画等号。通过具体分析，我们可以将创新教育的前瞻性理解为：一种较高的教学目标，可以通过教师和学生的相互配合、共同努力得以实现，同时，这一努力的过程中不仅采用了世界先进的教育理念、教学方法，还结合了我国的基本国情。由此所得出的教学目标，不仅具有显著性、引导性和超越性的特点，还具有可行性，能满足现代社会发展以及新课程改革的需求。

3.探究性

创新教育所包含的观念中，处于核心地位的就是要最大程度地引发学生对问题的研究兴趣。在学习过程中，只有将学生探索的兴趣激发出来，其才能对主动参与教学活动产生动机和动力，学生的思维以及学习能力才能得到真正的锻炼和提高。这就要求教师鼓励学生主动参与到课堂中，使学生能充分发挥自身的智慧，对教师在课堂上提出的问题进行思考，提出自己的解决方案，不要人云亦云、丧失自己的个性和特点。对于教师来说，要鼓励学生进行思考和积极提出自己的想法，从而很好地保护学生的创新性，使学生在积极鼓舞的状态下，更好地进行创新，保证学校创新教育的顺利实施。

4.时代性

我国的教育形式是随着时代的更替而不断发展的，从最早的私塾，到应试教育，到素质教育，再到现在的实践创新教育，教育的发展过程也体现了社会建设的发展历程。学校教育正在从被动式教学向创新性教育转变，学生也正在从机械式学习向创新性学习转变，这是教育事业中最重要的两个转变。这种转变抓住了现代化教育改革的核心和本质，能够将实施创新教育的时代性特征反映出来。

5.民主性

民主性在创新教育中扮演着至关重要的角色。当学生面对教师，学生会怀有一种敬畏心理，这会对课堂氛围产生影响，从而导致学生无法展现自己的主动性和积极性，同时也会对他们的心理产生不良影响。这种情况会对创新教育的实施造成限制甚至阻碍，因此，在大学物理创新教育中教师需要以心理学的方式消除学生的敬畏情绪，营造宽松、愉快、民主和自由的课堂氛围，为顺利实施创新教育提供保障。

6.应用性

随着社会的发展进步和科学技术的不断更新，新的教育思想、教育手段、教育器材层出不穷，这也进一步拓展了学生的思维、视野，在大学物理创新教学过程中，如果能够科学利用创新的教育方法，作用将非常显著。不管创新理论怎样变化，有一点是不变的，教学即基本目标仍然要与教学大纲相符合，仍然要以课程中心思想为参照，由此，要想保证创新教育的顺利落实，其与实际教学应用的结合便是一种必然，这对于国家的可持续发展也是有利的。

7.实用性

实用性是创新教育非常重要的一项价值，也是实施创新教育的最终目的。创新教育作为一种实践创新的教育形式，一定要被大力推广和普及，由此进一步培养创新型人才。教师要努力使创新教育的实用性特征得到更加广泛的体现。

8.超越性

从本质上来说，创新教育就是教师要引导学生不断超越与前进，使他们不怕问题的艰难，不满足于现状，更加发奋学习、努力思考。① 因此，在大学物理创新教育过程中，教师必须对学生进行积极的引导，使他们进行自我超越，树立更高的理想、信念。这种信念与精神也是创新教育要达到的目的之一。同样的，教师也需要不断超越自我。

（四）创新教育的原则

1.问题性原则

问题性原则指的是教育者在实施创新教育的过程中，以问题为线索，进行进一步的探究、发现、创新，引导学生不断探索新知。教师在实施创新教育的教学过程中，要注意以下几个方面。②

第一，教师在设计问题时要注意新颖性与层次性。所设计的问题要有思考价值和可探索的余地，且以开放性答案为主，以此训练学生的思维能力，或鼓励、引导学生的求异思维。

第二，教师要让学生通过自己的探索去发现结论和方法，不要直接提供

① 张景华. 创新教育简论[J]. 中国成人教育，2003（04）：34-35.

② 杨志华. 以科学发展观为统领，大力开拓创新教育[J]. 四川教育学院学报，2007（S1）：102-103.

答案。需要注意的是，教师对学生思维过程和解决问题策略的重视程度要高于对最终结果的重视程度。

第三，教师要通过各种方式，积极启发学生提出问题，课堂上一定要创设讨论问题的环境，要充分允许和接受学生提出的任何问题，不打击、不忽视，使学生逐步做到想问、敢问和善问。

2.德育为先原则

德、智、体、美、劳等都属于人的素质的范畴，教师在其中德是第一位的，这体现出德育的重要性。思想品德素质是最重要的素质之一。创新教育的实施，就是通过博大的人文精神熏陶受教育者，使其具有充分的创新能力，为社会发展做出贡献。创新能力是中性的，“近朱者赤，近墨者黑”，创新能力受到人的情感、道德品质的驾驭和支配。自古以来，人们对“德”都非常重视，“德”的文化一直发展至今。一个人的社会公德和职业道德也在很大程度上影响甚至决定其事业的成败。因此，对于教师来说，其在创新教育中应该担负的职责有二：一是教会学生如何做人，二是教会学生如何思考。创新教育应遵循德育为先的原则。

3.学生个性发展原则

尊重学生的个性发展原则，就是指大学物理教师在实施创新教育教学的过程中，要营造出尊重学生个性的良好教育环境，从而更好地服务于学生的个性发展。每个学生的兴趣、爱好、特长和人格都是独一无二的，教师在面对学生的时候，要持有尊重的态度，在处理这方面问题的时候，也要做到不偏不倚，用平等、博爱、宽容、友善的心态去对待每一个学生，保证学生身心发展的自由，充分发展和进一步挖掘他们的个性。从某种意义上来说，尊重学生个性的教育环境，非常有利于挖掘学生的潜能，促进学生的长远发展。

4.民主性原则

在实施创新教育的过程中，民主性原则指教师在教学中应该发扬民主精神，营造出有利于学生创新的民主氛围。教师应该善于激发学生的主动性和积极性，努力创造一种民主的气氛、探索的情境和创新的氛围。此外，还要体现师生之间和学生之间的民主合作、和谐关系。教师应该让学生主动表达自己的想法，使他们不断发散思维、发现和解决问题。同时，教师还应该鼓励学生之间、教师与学生之间多向交流，促进不同观点的碰撞，充分体现民主性原则在创新教育中的重要性。

5.开放性原则

创新教育的实施要求遵循开放性原则，包括以下几点要求：首先，学生在课堂学习过程中要保持开放且自由的心态，避免压抑；其次，教学内容不应该因为教材或者教师的知识视野的原因而受到局限；再次，教师应当重视培养学生的开放性思维，不应轻易否定学生的探索行为；最后，教育方法也应该是开放性的，不受任何条条框框的限制。

6.发展性原则

发展性原则，即指创新教育是发展性教育，发展性教育的实施是依据学生身心发展的规律来实现的。从现代心理学的角度来说，学生的成长过程，实际上就是其生理、心理、知识、能力、经验等各方面的发展过程。可以将这种发展分为两个方面：知识水平的发展；人格的发展。作为发展性教育，创新教育要以学生身心发展规律为依据，实现学生认知和个性发展的和谐统一。因此，在实施创新教育时，要同等重视将学生智商的发展与情商的发展；对学生人格的健全与认知水平的提高同样加以重视。

7.激励性原则

创新教育的激励性原则，就是指大学物理教师在创新教育教学中，通过积极的鼓励，引导学生进行积极探索，将学生创新的动机、热情和信心有效激发出来。大学物理教师在上课的过程中，不仅要重视对学生知识和技能方面的培养，对学生自信、勇气的培养也至关重要，这也是教师的重要职责之一。要使学生对自己的创新能力有足够的自信，同时，教师在培养学生创新的勇气方面也要足够重视，通过积极的鼓励措施，让学生积极探索和选择创新途径，寻找新方法。

8.创新性原则

创新教育的创新性原则，就是指教师在教育教学过程中，要锐意开拓，在处理问题时，教师采用的教育教学方式要有新意，这样有助于学生创新思维、创新精神和创新能力的培养。在创新教育过程中遵循创新性原则，首先，要选择开放性的问题，尽可能刺激学生的思维；其次，要对学生思维的流畅性、变通性和精确性进行引导，使其具有一定的灵活性和变通性；最后，要采取积极鼓励的方式，鼓励学生大胆运用假设，增大创新的可能性。

二、大学物理教学的创新教育

（一）大学物理实验的创新

物理学是一门以实验为基础的科学，是理论和实验高度结合的精确科学。[①] 新课程改革的试行让实验教学进一步成为物理教学的重要组成部分，通过观察和实验帮助学生加深对知识的理解，锻炼学生的动手动脑能力，培养学生实事求是的科学态度和解决问题的灵活性，已经成为现阶段教学的主题。

1.实验教学思路的创新

物理学科是一门以实验为基础的学科，这表明构建物理的定义、定理、规律和定律都要以大量实验与实践活动为基础。因此，我们所说的实验并不仅仅局限于教材中所安排的十多个学生分组实验、一百多个演示实验以及若干课外小实验。实验教学可以在课堂上进行，也可以在课堂外进行；学生可以在实验室中使用实验室所提供的器材，也可以使用自备或者自制的教具。学生甚至可以用日常生活中的常见物品来进行实验，如使用铅笔和小刀来做压强实验；用雪碧瓶展示液体压强和深度之间的关系；用汽水瓶来模拟大气压实验等。这些实验器具都是学生所熟悉的，能够帮助他们更好地理解物理就在我们的身边，物理与生活紧密联系。此外，通过运用没有在教材中提及的实验器具来进行实验，还可以提高学生的创新能力。

2.实验教学方法的创新

（1）观察是创新的前提

观察是进行实验的首要步骤，也是实现创新的前提。如果没有对客观事物的深入了解，创新是无从谈起的。在大学物理实验教学中，首要的是让学生明白，观察意味着有目的地辨识观察对象的主要特性，并关注引起变化的原因以及条件。此外，学生还应该了解到，观察是需克服遇到的困难和付出相应的努力的。只有通过严谨细致的观察，才能获得对事物的准确认知与结论。需要注意的是，在大学物理教学中，物理教师应让学生认识到，观察是科学方法中得到结论的第一步，也是进行任何创新与超越的重要步骤。我们重视的不仅仅是观察到的结果，更重要的是观察某个过程本身。例如，在生活中观察水的沸腾，需要学生在水被加热的过程中注意观察水的变化。在这个基础上，教师可以引导学生讨论观察的方法以及需要注意的问题，引导学

---

① 王一鸣．基础物理实验室开放教学模式实践与探讨［J］．中国校外教育（理论），2007（08）：115.

生思考他们观察到的不同现象是由哪些原因引起的，具体的结论不是由教师在黑板上列出各种条件后提供给学生的，而是需要学生通过多次实验自主得出实验结论。由教师提供条件的教学方式实际上限制了学生的思维，而且不利于学生形成创新思维。

（2）在学习中创新

很多物理知识是人们通过观察、实验以及思考而总结出来的，如彩虹，虽然这个现象要在雨后才能看到，但并不是稀有的现象。在大学物理教学中，教师可以利用三棱镜进行光的色散实验，让彩虹可以在教室里出现，进而引起学生的好奇心。通过这样的教学活动，教师与学生一起讨论并达成共识。这样的教学模式不仅使学生掌握光的色散知识，更重要的是让学生明白实验是探求事实的根本方法。实验是一种在人为控制下，呈现出物理现象并提供给人进行观察的过程。通过实验，人们可以获得对物理事实具体而明确的认识，从而更好地掌握物理概念与规律。在实验过程中，实事求是的科学态度是必不可少的。每次学生进行实验时，都需要了解实验的目的，正确使用实验仪器，做好必要的记录，得出相应结论，最后还要整理好实验用到的器材。学生在观察实验现象和结果的基础上得出相应的结论，并最终撰写出正确的实验报告。此外，教师向学生介绍一些物理学家曾经进行过的物理实验及其取得的成果，有助于让学生在未来的学习中借鉴这些方法，探索创新知识。

（3）重视方法的总结，动手动脑

科学方法包括以下步骤：收集大量资料和证据；进行总结和分析；得出结论；并提出意见和建议。然而，实验完成后得到结果并不意味着我们的工作就此结束。我们的最终目标是应用，这也完全符合唯物主义方法论中的辩证的原则，也就是说从实践到理论，再从理论到实践的循环过程。在大学物理创新实验教育中，教师在学生完成基本实验后，应要求学生进行更高层次的实验，即验证性和设计性的实验。例如，在完成测量平均速度的实验后，学生应总结实验过程中所采用的物理方法——控制变量的方法。这种方法在物理实验中是常用的，也是学生应该掌握的重要技能。在学生学习了密度知识后，教师可以利用实验室提供的器材要求学生解决如何测量金属块的密度的问题。学生可以采用控制变量的方法制定方案，也可以提出具体问题并自行设计实验方法，进行实验。这不仅是学生对先前知识的应用，也体现了物理研究的思路和方法，学生应该掌握。

总而言之，通过在大学物理实验教学中实施创新教育，能使学生掌握学习方法，启迪思维，提升综合素质，并增加学生实践操作的机会，增强其适应社会发展的能力。

（二）大学物理教学方法的创新

物理学是以实验为基础的学科，因此物理教学方法不局限于传统的传授法和强化练习法。[①] 随着教育体制和教学方法的不断改革，实验、信息化等的教学方法正在逐步融入大学物理教学中。大学物理教学方法的创新不仅影响学生学习的积极性，也影响学生运用所学知识的能力，因此，大学物理教学方法的创新显得尤为重要。

1.教学创新的含义

教育者是人类文明的传承者，推动社会的进步。无论是从教育内容还是教育本身来看，创新永远是教育的目标和主题。关于教学创新的定义，许多学者从不同角度提出了有代表性的观点。一些学者认为：教学创新是通过多种教学组织形式，培养学生的创新精神、创新意识和创新能力。这种观点强调了以培养学生创造力为目的的教学创新。另一些学者强调教学中的创新过程，如中国人民大学社会与人口学院教授，博士生导师俞国良提出，教学创新是指善于吸收最新的教育科学研究成果，并积极应用于教学实践；有独到的见解，能够发现行之有效的新教学方法，这种定义可以归为教学创新的过程观。还有一些学者从教学创新的实施者即教师的角度来研究这个问题，提出了创新型教师的概念。这一概念让人们从更广泛的角度来认识大学物理教学创新的意义，弥补了人们对教师个人专业发展的忽视。

2.大学物理教学方法创新的实践

（1）互动物理教学的应用

互动式教学强调师生之间的交流和沟通，将教学过程视为不断发展的教与学相统一的互动影响和互动活动过程。在此过程中，大学物理教师运用心理学知识设计并运用教案，创造性地组织和策划各类教学情境，使学生成为互动式教学的主体。通常，在互动式教学中教师以一个引人入胜的问题开始，激发学生的好奇心，创造出与知识相关且充满诱惑、促使思考的问题，或者通过互动游戏、实验等方式，激发学生的学习兴趣。教师需要将学生置于学习的主导地位，转变教学角色，教师不再是独裁者，而应与学生一同探索学习。在大学物理课堂上，教师需要充分调动学生的学习积极性，将学习主动

---

① 曹丽娜．物理教学方法的创新和趣味性研究［J］．内江科技，2016，37（08）：156.

权交还给学生，真正让他们参与到互动教学中来。此外，教师还要营造和谐轻松的学习氛围。互动教学不仅体现在课堂上，还要在课后持续进行。教师应该与学生保持联系，关注每个学生的学习情况，并热情解答问题。另外，互动教学还包括让学生拥有选择教学方法的权利。教学方法并非唯一的，学生应该参与选择，教师不应仅凭主观判断，而是要及时征求学生的意见，不断改进教学方法。

（2）信息化物理教学方法创新

信息化教学采用现代教学理念为指导，并以信息技术为支撑，运用现代教学方法进行教学。在大学物理信息化教学中，要求各个方面都信息化，如观念、组织、内容、模式、技术、评价和环境等。大学物理信息化教学的技术特点是数字化、网络化、智能化和多媒体化，其基本特征是开放、共享、交互、协作。通过推进教学信息化，促进教学现代化，以信息技术改变传统教学模式。教学信息化的发展促进了教学方法和教学模式的重大变革，推动了教育改革。因此，通过信息化物理教学，使大学物理课堂的创新性具有巨大的挖掘价值。

（3）物理教学课堂生活化

如果物理课堂过度偏向于学科的理性思维，而脱离了学生的实际生活经验，会导致课堂氛围沉闷，降低学生的学习热情。物理知识源自于生活，物理教学也同样与生活紧密相连。新课程标准所倡导的教学理念便是：从生活出发，走进物理，再从物理走向社会。将教学活动与生活紧密结合是教育发展的必然趋势。生活化的大学物理教学要求教师关注学生的日常生活，尊重他们的生活经历和文化背景，积极发现生活中的教学资源，并及时整理收集相关材料，然后将这些材料与物理知识点结合起来，用生活化的方式教授物理，让学生觉得亲切，帮助其理解。举个例子，在讲解“声音的特性”时，教师可以播放两首学生喜欢的歌曲，一首高音，一首低音，让学生猜两首歌曲分别是谁唱的，然后引入音色、声调、响度的概念；教师在学生学完“磁现象”后，让学生自制指南仪。这样不仅能巩固知识，还能让学生感受到物理的实用性，提高学生学习的积极性。我国的教育改革还在持续深化中，但存在太多只是改变表面形式的现象。从现今的改革情况分析，制约新课程改革是否能够顺利实施的最关键因素便是师资水平，而最大成果之一就是体现新课程改革精神的教师的教育教学水平得到了提高。对于大学物理教师的成长，观念的更新是前提，专业化的成长是基础。

综上所述，作为大学物理教育工作者，应该始终以学生为主体，不断探索创新的教学方法，让物理课堂变得更加生动有趣，为学生营造良好的学习氛围。教师应该注重培养学生的探究能力、动手能力和创新精神，让他们真正实现从“要我学”到“我要学”的转变。

三、大学物理教学中实施创新教育的障碍

（一）学生单一地接受书本知识

在传统教育的熏陶下，学生在课堂上的角色往往是被动地接纳教科书中的概念、定律和定理。这种学习方法能够使学生积累知识，而知识的积累是创新的基础，但与学生创新能力的提升并不一定成正比。因此，在大学物理教学中，除了知识的积累，学生还应深入探究物理概念的形成过程、物理定律的发现历程以及物理定理的推导方法。通过挖掘这些物理原理的内在含义，学生可以更好地掌握物理学中的思想和方法，体验物理学家的创新过程，拓展自己的思维方式，以达到提升创新思维能力的目标。

（二）大班式教学影响学生与教师间的交流

随着高校不断扩大招生规模，学生人数逐年上升，一个班级的人数可能达到七八十人。此外，物理学科涵盖大量内容，且课程安排紧凑，这使得教师往往没有足够的时间与每个学生展开交流。在大学物理课堂教学中，有创新意识的学生可能会提出创新想法，这些想法不仅有助于提高他们的创新能力，同时也会对其他学生产生积极影响，激发他们的创新意识。然而，由于课堂时间限制，一些教师可能会忽视学生的这些想法或要求学生课后再进行讨论。这种处理方式会严重挫伤学生的创造积极性，显然对创新思维的发展有害。因此，加强学生与教师之间的交流是很有必要的。

（三）缺乏学习兴趣

人们在主动追求、探索和认识某一项事物或者活动时所具有的心理倾向便是兴趣，兴趣的积极情绪色彩十分强烈，是人们参与活动的动力源泉。兴趣可以让人迸发情感，还可以提高人的敏锐度和观察力。尽管兴趣属于非智力因素，但它对创新思维起着至关重要的作用。兴趣是创新的源泉，是激发创新意识的催化剂。要培养一个人的创新思维，首先要激发其对某些事物的兴趣。然而，随着年级的增长，物理学的学习内容变得越来越晦涩难懂，尤其是在大三阶段，许多学生表示以前确实非常喜欢上物理课，但现在物理课的内容太过枯燥，学习起来毫无兴趣。还有一些物理师范专业的学生，他们认为对于自己将来要从事的教学事业来说，学习普通物理已经够用了，而学

习复杂的物理理论没有任何必要。

（四）作业形式比较单一

在大学物理的教学过程中，教师通常的做法是将教材上的习题或由教师补充的典型题目作为课后作业。这样做有助于学生快速准确地掌握和理解所学的知识点，但这种单一的形式对于培养学生的创新思维能力的效果有限。大学物理的作业应该多样化，除了传统的习题和典型题目外，还应包括开放性试题、原始问题、与生活相关的物理问题以及课题研究等形式。这样不仅可以帮助学生掌握知识，还能更好地培养他们的创新思维。

第二节　大学物理教学中的创新途径

物理学是一门研究自然现象中最基础、最普遍的物质运动形式和物质基本结构的科学，它以探究为基础，本质上是一个创新的过程。因此，学习物理学和研究物理学为学生提供了丰富的资源和平台，有助于培养重要的创新能力、发展学生的创新思维。教学作为学校实现培养目标、培养学生各方面能力和个性的重要一环，是培养学生全面发展的重要路径。因此，研究大学物理教学中的创新途径，主要有以下几个方面。

一、引导学生创新学习

在提倡创新教育的背景下，当今大学物理教师需要更加敏锐地捕捉学生在课堂上有意或无意表现出来的创新行为，并抓住每一个可能的机会培养学生的创新意识。作为学生创新学习的促进者，教师需要将创新教育真正落到实处，以引导学生成为学习的主体并激发他们的创新潜能。

（一）关注学生创新的火花

1.鼓励学生提问

所有创新活动的起点都是提出问题。当学生提出问题时，就意味着其在追求真理，其拥有了探索和学习的不竭动力，同时还能进行更高层次的思维活动。然而，在大学物理的教学过程中，教师们发现，现在课堂上愿意站起来向教师提问的学生越来越少了。但这并不意味着学生没有问题，更不意味着学生已经完全掌握了知识。事实上，在进行物理学习时，学生会遇到各种各样的问题，包括如何理解一个理论、如何解答一道题、物理学的本质是什么等。这些问题没有被提出来的原因可能就在于很多学生不好意思向教师提问，问题最终只是在学生之间被论述一番，这样学生往往无法得到确切的答案。因此，教师要鼓励学生在课堂上提问，为学生答疑解惑，培养学生的创新意识。

2.鼓励学生大胆想象

想象是人脑对已有表象进行改造和加工，创造出全新形象的心理过程。想象力对于人们来说，是一种非常珍贵的品质。科学技术的发展和进步往往都源于想象。英国物理学家廷德尔认为，有了精确实验和观测作为研究的依据，想象力便成了自然科学理论设计师。爱因斯坦也在总结其科研经验时表示，与知识相比，想象更加重要，知识是有限的，而想象可以涵盖整个世界并推动进步与发展，成为知识演进的不竭源泉。

因此，在科学研究中，想象力的作用不容忽视。回顾物理学的发展历程，从古典力学到相对论，每次新规律的发现和新理论的建立都离不开物理学家的创新性猜想和想象。就如同英国物理学家艾萨克·牛顿（Isaac Newton）所设想的那样，如果在山顶上以特定的速度发射一枚铅球，它将会沿着一条曲线飞行约两英里后落地；倘若我们消除了空气阻力并将发射速度提高两倍甚至十倍，那么铅球的射程将进一步增加，甚至可以进入太空并保持其运动轨迹，朝向无穷远的地方，且永远不会落到地面上。牛顿当年所想象的画面，正是如今各种人造卫星、宇宙飞船的起源；意大利物理学家伽利略·伽利雷（Galileo Galilei）想象有一个无限大且绝对光滑的斜面和平面，当小球从斜面滑向平面后，其将在平面上永不停止地向前滑动，而牛顿受此启发建立了惯性定律。

综上所述，大学物理教师应认识到，对于创新来说，想象是一双巨大的翅膀，而且想象与问题意识是相辅相成的，想象会诞生新问题，它还是解决问题的起始阶段。对此，大学物理教师应鼓励学生多想象、多猜测，积极表扬学生的各种想象，无论这种想象是多么夸张，教师都要保护好学生的想象，让学生挥动着想象的翅膀探索物理学的奥妙。

（二）关注学生的创新思维

1.鼓励学生一题多解

解题在物理学习中具有关键作用，通过解题能使学生建立抽象的概念、定理和定律与具体的物理过程之间的联系，将学生的理论知识转化为解决实际问题的能力。此外，通过解题还有助于培养学生的创新思维能力。这个过程不仅能帮助学生深入理解和巩固基础知识，还能提升学生的思维变通性、灵活性和独特性，有效促进知识间的联系，拓宽学生的思路。因此，在大学物理教学中要求学生做到一题多解是十分有必要的。一题多解是指通过多种途径或方式，采用不同的物理规律或方法，从多个角度深入理解同一个物理问题，这也是发散思维的体现。

2.鼓励学生一题多变

一题多变是一种有效的教学方法，教师通过改变题目的条件，将一道基本的习题变成多道相关习题。这种灵活的教学方法可以帮助学生更深入地理解知识，并培养他们的举一反三和综合分析能力。在大学物理课堂教学和平时的练习中，教师和学生都应该积极思考，尝试对题目进行多角度的改变。

3.鼓励学生一题巧解

一题巧解同样可以锻炼学生的创新思维。对于同一道题目，有些解法过于复杂，导致解题过程中学生难以理解物理意义，而采用有些解法则能够显著缩短解题时间、简化步骤，同时使物理意义更加清晰明确。因此，大学物理教师应该鼓励学生积极探索简洁明了的方法来解决实际问题，发挥学生的思维创新能力，让他们追求一题巧解。

（三）寓物理学史于大学物理教学

物理学史是物理学概念、基本规律、理论和思想的形成、发展和演变的历程，也是人类对自然界中各种物理现象的探索历程，这一历程蕴含着巨大的精神财富。

1.体验发现历程，培养创新精神

探索是科学的基石，创新则是科学的灵魂。科学的探索之路往往是充满荆棘和挑战的，无论是提出还是发展任何一个科学理论，都需要经过无数次的尝试和努力。为了攀登科学的巅峰，必须具备不畏艰难险阻、勇往直前的决心和勇气。教师可以在大学物理教学中的一些教学环节里为学生介绍著名的物理学事例，让学生了解到科学家们的研究思路以及艰辛的研究历程，以此培养学生的创新精神。

2.鼓励怀疑精神，培养创新人格

传统的学习方式往往是接受学习，也就是学生完全根据教材上所写的内容进行学习，学生按照专家学者给出的说法来做，几乎不会质疑权威，但这并不利于发展创新思维。学生在大学里学习的物理知识都是经过多年验证的成熟理论，然而，真理始终在不断演进，如果不质疑，便不会发现新问题，没有问题也就没有创新。回顾物理学的发展历程，许多例子都表明从质疑到创新的转变。因此，大学物理教师可以让学生借鉴物理学史，学习科学家的怀疑精神，培养学生的独立思考能力和创新意识。

二、创新教育和大学物理课程建设同步

（一）建设凸显科技前沿的物理学课程

大学物理作为理工科的基础学科，在培养学生的创新思维、创新能力和创新精神中具有不可忽视的作用。然而，当前一些大学物理教材仍然依赖于传统的知识体系，主要涵盖了力学、热学、电磁学、光学、原子物理学和近代物理等内容，而与现代物理相关的内容相对比较少。许多学生因此对物理学的学习逐渐失去了兴趣，认为学习物理对他们的未来发展并无显著作用。然而，那些经常参与物理学术讲座的学生却有不一样的看法。例如，一位刚参加完量子计算机学术讲座的学生认为，虽然并未完全理解讲座内容，但开始意识到现代计算机革命与量子力学之间竟然有如此紧密的联系，这使他意识到必须深入学习量子力学，若有机会从事相关研究则更好。这进一步证明，物理学的前沿知识对学生具有巨大的吸引力。创新与前沿科学密不可分，每一次科技突破与理论的进步都离不开不断地创新。因此，在大学物理教学中，通过适当引入物理学前沿知识，可以激发学生的创新意识，培养他们的创新思维和创新能力。

（二）建设有生活特色的物理学课程

除了科技领域的前沿突破，日常生活中的创新活动也随处可见。没有创新，人们的生活方式可能仍停留在过去。生活中的创新思想是推动科技变革的重要力量。以手机为例，从基本的通话和短信功能，到摄影拍照、网络浏览，甚至全球定位，这个小小的通信工具对人们的生活产生了深远的影响。随着手机的不断更新换代，我们可以看到生活与科技之间相互促进的创新循环过程。因此，大学物理中的创新教育必须与现实生活相结合，才能发挥其最大作用。

物理学实际上与生活紧密相连。学生所掌握的物理知识并不仅限于课堂所学的内容，其中很多物理知识也来源于现实生活。因此，大学物理教师应将物理与实际生活联系起来，使物理更加贴近生活，让学生认识到物理在生活中的方方面面都有体现，从而对物理学习产生更浓厚的兴趣。不过，有些教师认为当前课程较多而学时比较短，没有必要将生活中的物理现象应用于物理课堂中，他们认为这种教学方法主要适用于基础阶段的教育，在大学物理学习中，物理理论应该是大学生的主要学习内容，应以形成学生的物理知识框架为目标，大学生已经从形象思维阶段进入抽象思维阶段，因此没有必

要把生活这一载体融入物理的学习。然而实际上，很多大学的理工科学生表示，在大学物理学习中，常常感觉物理学很枯燥，很难理解物理理论知识，并且认为物理知识的学习对实际生活没有任何帮助，遇到生活中的各种现象也无法将其和物理知识联系起来，因而逐渐失去了学习物理的热情。大学物理教学除了要求学生在理论上创新，还应要求学生在生活中发现、研究并解决问题，在生活上创新。

因此，基础教育阶段的物理学应与生活有紧密联系，让学生在生活中学习物理，而在大学阶段教师也要注意生活与物理之间的联系。虽然学生在基础教育阶段就初步掌握了使用物理知识解释一些生活现象与问题的能力，但其总体来说较为浅显，经过系统学习大学物理知识之后，学生就可以站在一个更高的理论高度上解释各种生活现象和问题。

三、大学物理教师创新能力的构建

大学物理教师创新能力的构建在物理创新教育中起着重要的作用，然而影响大学物理教师的创新能力形成和发展的因素很多，既需要大学教师在长期学习、思考和实践中培养自己的创新意识、创新思维和创造性人格，也需要大学和社会为大学教师的创新能力发展提供激励性制度、包容性文化环境和支持性条件。

（一）激发大学教师的创新动力

培养创新人才是高等教育的时代要求。培养创新型教师是现代大学的重要任务。

首先，将“创新能力”作为大学教师的重要评价标准。教育家蔡元培认为，大学教师“须年年用功，传授新学”。他把“是否有研究学问之兴趣，是否有不断进取创新精神”，作为聘用教师的必要条件。今天，这种做法仍然值得借鉴和推广。大学在教师职称评定、教学评估、教学评优、科研评奖、社会服务支持和奖励等方面，要把教师的创造能力作为一个重要的评价维度。

其次，大学物理教师要自我加压，自我激励：一是激励自我成为创新型教师。视创新为大学教学的核心价值，在终身学习和持续思考中，不断创新自己的教学内容、方法、手段及其与大学生的互动关系，在教学相长中实现自己的创造性成长。例如，在大学物理教学中，教师尝试运用翻转课堂、慕课、现场教学、项目教学等现代教学方法和手段。二是主动申报教育改革课题和创新性研究课题。三是以专业研究身份积极参与社会转型发展的改革实践。

（二）建立以创新能力培养为中心的师训体系

大学教师培训是大学教师素质提高的重要途径。尽管我国各省都成立了高校师资培训中心，各大学广泛设置教师教育机构，但是主要任务是青年教师的上岗培训和教师的教学技术培训，基本上属于适应性培训，缺乏创新培训的指导思想引领，不利于大学物理教师创新能力的培养。好的大学教师培训应该以创新能力培养为中心展开。

第一，确立“研究型教师”“教育家型教师”为师资建设目标。把创新能力人才的培养作为高校核心任务，唤起大学物理教师强烈的责任感和使命感。

第二，建构大学物理教师创造性发展的课程体系。通过介绍创新教学理论和方法、创新思维方法、跨学科研究方法，拓展大学教师创新的思维和研究视野；加强大学物理教师的创造心理素质培训，激发他们的创造欲望与动力。

（三）将教学学术研究作为评价大学教师的重要指标

教学学术是大学的重要学术维度。大学的教学学术研究是指将教学视为一个独立的研究领域，并采用研究的方法来审视和探究教学。此时，对教学的深入理解和改进便成为一种教学学术的体现。强调大学教学学术的目的是要使教师自己真正成为教学研究者或研究型教学者。为此，大学物理教师首先要对自己的教育行为进行经常反思，发现存在的不足；其次，教师针对物理教育教学实践中的问题，要独立思考，合作研究，寻找解决问题的科学方法：再次，教师要大胆开展教学改革实验研究，培养学生的创造性思维，培养学生跨学科学习能力，教师要不断总结提炼教育理念，形成自己的教育风格。对大学而言，就要将教学学术作为评价大学教师学术的重要指标并不断细化，使教学学术在职称评定、先进教师评选、教师奖励等方面，占有不低于专业学术的权重；把立德树人、教书育人、培养好学生作为学校的重要任务。

（四）优化高校创新型教师成长的外部条件

目前，大学普遍存在行政化管理倾向和唯专业学术取向，大学教师的注意力被吸引到争取项目、发表论文、评职称“评优评”奖上，这成为大学物理教师的创新能力发展的制度障碍。为此，必须彻底改革，建构有利于大学创新型教师成长的环境条件。这除了需要政府更多地投入经费，大学所有部门的协同创新管理，社会对大学创新人才培养模式改革的理解、认同和支持之外，亟须从以下几个方面创新。

首先，建立使教师专注于创新人才培养的教学管理制度。在坚持社会主义核心价值观的前提之下，让大学物理教师有改革的自由，如物理教材的选择、物理教学方式和教学时空改革；加大对教师教学改革的支持力度；鼓励教师通过深度研究揭示大学培养创新人才的价值和机制。

其次，将创新能力作为教师评价、管理与收入分配的关键标准并细化，如将每年检查教师课题更改为5年内教师自由选择时间结题，给予学院教师自由立项的科研经费支持，将教师从烦琐的项目申请和工程“战役”中释放，让大学物理教师能够专注于学术研究和物理课程教学的创新。让他们体验教师职业的价值观和幸福，同时享受人才培养模式创新改革带来的成果。

最后，建立国家教学智能信息平台和创新人才培养智库。针对目前单一领域的知识难以满足创造性人才发展的普遍需求，单一的学校改革难以支撑高水平的创新教育模式的现状，有必要建立国家级创新人才培养智库，充分利用智能技术支撑高层次创新教育模式的改革，实现理论与经验的共享；以教育部2018年4月2日发布的《高等学校人工智能创新行动计划》为契机，组织力量，开展构建知识自由融合与跨领域交叉的创新教育模式与保障机制研究，不断积累大学创新人才培养的中国经验与理论。

第七章　大学物理教学中对学生创新能力的培养

在大学物理教学中，培养学生的创新能力是至关重要的。随着科学技术的不断进步和社会的快速发展，创新已成为推动社会进步和经济发展的关键因素。因此，培养学生的创新能力已成为大学物理教学的重要任务之一。本章围绕创新思维与创新能力、大学物理教学培养学生创新能力的必要性、大学物理教学培养学生创新能力的策略等内容展开研究。

第一节　创新思维与创新能力

一、创新思维

（一）创新思维的内涵

思维是人脑对客观事物本质属性和内在联系的概括和间接反映。创新思维是一种有创造的思维，是人脑对客观事物的未知成分进行探索的活动，是人脑发现和提出新问题、设计新方案、开创新路径、解决新问题的活动。

创新思维是以新颖独创的方法解决问题的思维过程，通过这种思维可以对常规思维的界限进行突破，以超常规甚至反常规的方法去思考问题，提出与众不同的解决方案，从而产生新颖、独到、有社会意义的思维成果。从哲学意义上讲，创新思维是人脑最高级的思维过程，是对传统思维方式的辩证否定，是在表象、概念的基础上进行分析、综合、判断、推理等认识活动的过程，或者说是指向理性的各种认识活动。

（二）创新思维的特征

创新思维是以唯物辩证法为指导，以全面而深厚的理论和实践经验为基础，以现实的需要为导向的思维方式。创新思维又称为“独创思维”“反常思维”，旨在摆脱固有思维（常规思维）的束缚，即非传统的独特的思维。简而言之，就是想一般人没有想到的事，办过去没有办到的事。如“一国两制”、社会主义市场经济等，都是创新思维的伟大成果，是创新思维的典范。

创新思维的本质在于将创新意识的感性愿望提升到理性的探索上，实现创新活动由感性认识到理性思考的飞跃，它具有以下基本特征。

1.求实性

创新源于发展的需求，社会发展的需求是创新的第一动力；人类的需求永无止境，社会的创新也源源不绝。思维的求实性就体现在善于发现社会的需求，发现人们在理想与现实之间的差距；从满足社会的需求出发，拓展思维的空间。社会的需求是多方面的，有显性的和隐性的。显性的需求已被世人关注，若再去研究，易步有人后尘而难以创新；隐性的需求则需要创造性的发现。美国发明家史蒂夫·乔布斯（Steve Jobs）从来不做用户调研，他说如果美国汽车工程师与企业家亨利·福特（Henry Ford）在发明汽车之前去做市场调研，他得到的答案一定是消费者希望得到一辆更快的马车。其实消费者需求的并不是一辆“更快的马车”，他们的真实需求是“更快”，而“马车”只是实现“更快”需求的一种解决方案。人们既可以在马车这个解决方案上进行改良，也可以创造一种全新的、满足更快需求的解决方案——汽车。求实性要求创新思维的主体用创新的眼光去发掘潜在的需求。

2.新颖性

思维的新颖性就是思维的新成果、新产品、新作品、新理论、新方案（管理、实验）、新工艺和新方法。这些研究成果是前所未有的，而且是第一次取得的，不管是在实践上还是在理论上都是如此。新颖可以体现在产品形式、结构和功能等方面。如今，随着新技术的发展速度日益加快，新的技术也很快会被更新的技术所替代。所谓的“新鲜感”，是指学生在回答问题、做实验或者发明时，所用的方法不是按照教师的教诲，也不是从教材里学来的，而是自己想出新的办法。例如，学生在数学课上寻求新的解决办法，在写作课上写出更好的新的文章，在实验课上尝试新的实验，在课外团体活动中创作新的模型、雕像和其他的作品。

3.灵活性

思维的灵活性是思维的品质之一。客观事物总是处于不断运动、变化之中，思维的灵活性是人根据实际情况的变化而及时调整工作计划和解决问题的思路的能力。它要求我们不固守过时的方案，而是能够灵活地根据实际情况的变化，采用新的方法和途径来解决问题。思维的灵活性是高级神经活动过程的一种特征，它能够通过教育或自我教育得到发展和改变。“因地制宜”和“量体裁衣”都是思维灵活性的表现，其意味着我们能够根据具体情况调整我们的方案和方法。相反，“削足适履”和“按图索骥”则表示思维僵化和缺乏灵活性。思维的灵活性与思维的深刻性相结合，会表现出机智、敏锐和独创性。思维灵活性的发展可以帮助我们更好地适应变化，创造性地解决问题，并提出独特的观点和思考方式。

创新思维要求人们在考虑问题时可以迅速地从一个思路转向另一个思路，从一种意境进入另一种意境，多方位地探寻解决问题的办法，从而得到不同的结果或不同的方法、技巧。例如，面对处于世界经济趋于一体化、竞争日趋激烈的背景之中的企业的前途问题，企业必须考虑引进外资，联合办厂；或是改组企业的人、财、物的资源配置，并进行技术革新；或是加强产品宣传，更新包装；或是上述方法并用。当然企业还可以考虑转产，或者让某一大型企业兼并，成为大企业的一个分厂。以上的第一条思路是方法、技巧的创新，第二条思路是结果的创新，两种创新都是创新思维在拯救该企业中的应用。

灵活性还体现在思维的自由跳跃上，人们能借助直觉和灵感，以突发式，飞跃式的形式寻求问题的答案。思维的主体能“运筹帷幄之中，决胜千里之外”“一叶落知天下秋”。

4.跨越性

创新思维活动带有很大的省略性或者跨越性，思维结果呈现突发性。这种突发性是指思维过程的非预期的质变方式。古希腊物理学家阿基米德发现了举世闻名的浮力原理，是因为他在洗澡时受到水的浮力启发而豁然开朗。爱迪生发明留声机，是因为电话筒膜片的振动使他顿悟到声音的力量。费米是在捕捉壁虎的过程中，悟出了量子物理学中著名的费米统计。从古至今，科学发现和技术发明上的颗颗明珠，都生动地体现了创新思维的突发性特征。

思维的突发性源于思维的跨越性，即思维步骤与跨度较大，表现为明显的跳跃性。创新思维与那些毫无根据的胡思乱想是截然不同的，它是一个从艰苦思索到茅塞顿开的量变和质变交融渐进的过程。创新思维的跨越性表现在跨越事物“可见度”的限制，实现“虚体”与“实体”之间的转化，加大思维前进的“转化跨度”。思维的跨越性越大，创新性就越大。人们的习惯性思维是阻碍创新的主要原因，思维的跨越性有利于人们跳脱既有思维模式的束缚，激活直觉思维，从而找到解决问题的新思路。“第一次世界大战”时，美国的鱼雷速度不高，德国人发现只需改变军舰航向就能避开，因而其命中率极低。爱迪生面对这一难题，既未调查也未计算，就提出了解决方案：做一块鱼雷状的肥皂，用军舰在海上拖行几天，而鱼雷则按新肥皂形状制作。这是一种直觉，源于思维的跨越性。

5.连贯性

很多问题的解决方案是隐含在看似不相干的要素之中的。看似偶然的创新，隐含着必然的结果。这种偶然到必然，显示出思维的连贯性：勤于思考的人，易于进入创新思维状态、激活潜意识，从而产生灵感。创新者在平时就要进行思维训练，不断提出新的构想，培养思维连贯性，保持大脑活跃的态势。

思维的连贯性有利于人们及时捕捉住具有突破性思维的灵感，所有成功的背后都有思维的连贯性。爱迪生一生拥有的专利高达 1000 多项，这个纪录迄今无人打破。这源于他给自己和助手设定了新想法的定额，以此来保持创造力，进而保持了思维连贯性。

正是在“定额”的要求下，当爱迪生在思考如何制作碳丝时，他无意中将一根绳子在手上来回缠绕，便激发出了用这种方法缠绕碳丝的想法。巴赫每星期都要创作一首大合唱，即便生病或疲劳时也不例外。莫扎特创作的乐曲有 600 多首。相对论是爱因斯坦最著名的发现，此外他还发表了 200 余篇论文。正因为思维的连贯性保证了良好的思维态势，奠定了良好的思维基础，这些人才能获得如此璀璨的成就。

（三）创新思维的类型

人们在长期的创新创造实践活动过程中，通过不断地总结和提炼，得到了许多可借鉴的创新思维方法，下面介绍常用的几种创新思维方法。

1.逆向思维

逆向思维是反过来思考那些司空见惯的似乎已成定论的事物或观点的一种思维方式，让思维向对立面的方向发展，深入探索问题的相反面，产生新观点的思维形式。任何事物都有两面性，即相互依存和相互对立，人们在认识事物的过程中，实际上与两个方面都产生了联系，但由于人们的惯性思维、模式思维，人们通常只看到其中的一方面，而忽视了另一方面；如果人们对常用的思路进行逆转，从相反的方向出发思考问题，往往可以得出一些具有创新性的设想。逆向思维并不主张人们在思考时违背常规，不受限制地胡思乱想，而是训练一种关注小概率可能性的思维；逆向思维是发现问题、分析问题、解决问题的重要手段，其有助于克服思维定式的局限性，是决策思维的重要方式。

2.质疑思维

质疑是探索未知，开辟新领域的思维活动，是指对每一种事物和现象都提出疑问，质疑是在认识过程中肯定与否定的中间环节，它扮演着创新和发展的角色。质疑能够使人的思维处于求异状态，拥有开阔的思路和试探性的特点。儿童时期的质疑精神是非常宝贵的，因为儿童对世界充满了好奇心和求知欲，对常见事物提出各种问题。然而随着受的教育增多，人们可能渐渐习惯了接受现有观点，而质疑精神和创新精神逐渐减弱。实际上，每个人的思维都是有潜力的，需要多质疑各种对象。在生活中，当我们自然接受某种观点或思想时，我们应该思考其中是否有值得质疑的地方，是否被我们的固有思维所蒙蔽。尝试质疑周围的事物和所谓的理所当然的东西，可能会产生许多新的认识。

要创新，就必须对前人的想法加以怀疑，对前人的定论，提出自己的疑问，才能够发现前人的不足之处，才能产生自己的新观点。洗澡，是一件非常普通的日常小事，人们习以为常，都觉得司空见惯，不值得一提，而恰恰就是在这人人都十分熟悉的生活现象中，科学家阿基米德从中悟出了一个重大的科学发现——浮力定律；另一位科学家谢皮罗，也从中发现了玄机——水流漩涡的方向性规律。

古人云："学贵多疑，小疑则小进，大疑则大进。"为了创新，就必须怀疑前人的想法和做法。当我们能够提出自己的疑问时，就说明我们对创新的对象有了独立的思考。只有先怀疑，才能提出问题，在提出问题的基础上，才能够解决问题，从而产生新的发明创造。

实际上，创新就是由"好奇"而"观察"，"未知"而"探索"，想别人未想，进而发现和提出问题，并最终解决问题的过程。好奇心是创新意识的诱发剂，也是创新精神和创新勇气的助力器，一切发明创造都是以发现问题为起点的。

当年，波兰天文学家尼古拉·哥白尼（Nicolas Copernic）看出了"地心说"存在的问题，才有了"日心说"的产生。爱因斯坦找出了牛顿力学的局限，才引发了关于"相对论"的思考。科学家和思想家往往都是"提出问题和发现问题的天才"。

3.逻辑思维

逻辑思维是一种基于概念、判断和推理等方式的思维形式。人们通过分析、综合、比较、分类、抽象和概括等思维操作，能够达到对客观事物的深层认识。逻辑思维以抽象为特征，人们通过剥离事物的具体形象和个别属性，揭示出物质的本质特征，形成概念，并运用这些概念进行判断和推理，间接反映现实。逻辑思维的形成和发展离不开社会实践，社会实践的需要决定了我们从哪个角度来把握事物的本质，并确定了逻辑思维的任务和方向。实践的发展也使得逻辑思维逐步深化和发展。对于个体而言，抽象思维能力并非与生俱来的，而是通过社会实践和语言符号的不断丰富而逐渐形成的结果。个体拥有越丰富的知识经验，其词语的抽象概括能力越高，其对于客观事物本质规律的反应也越深刻。

逻辑思维一般有经验型与理论型两种类型。前者是人在实践活动的基础上，依据实际经验形成概念，进行判断和推理，如工人、农民运用生产经验解决生产中的问题，多属于这种类型。后者是人以理论为依据，运用科学的概念、原理、定律、公式等进行判断和推理。科学家、理论工作者的思维多属于这种类型。经验型思维的人由于常常局限于狭隘的经验，因而其抽象水平较低。

4.发散思维

发散思维又称为辐射思维、放射思维、扩散思维，是指大脑在思维时呈现一种扩散状态的思维模式，它表现为思维视野广阔，思维呈现出多维发散状，如“一题多解”“一事多写”“一物多用”等方式。不少心理学家认为，发散思维能力是测定创造力的重要标志之一。

发散思维是基于人们已有的认知，建立在人们能理解的认知范围内的，人们可通过互动启发来利用更多人的智慧激发更多的想法，产生更多的灵感。例如，虚构类小说的作者可以天马行空，可以畅所欲言，我手写我心，没有什么限制。正所谓“行为有限、思域无疆”，日常生活中我们经常会发现很多人的思维跨度很大，能够海阔天空地想；而有些人则缺少思维的广度，其思想总是在一个小圈子里转来转去，怎么也发散不了。要想突破惯性思维，就要有意识地运用发散思维，试着将思维的广度扩展一下，就会有新的发现。

我们有时候用不同的眼光看同一样旧东西，只要视角是新的，那么东西也就成了新的。人的思维惯性因为发散思维而突破，生活因为发散思维而多彩，社会因为发散思维而进步。

5.直觉思维

直觉思维是在未深入分析问题的情况下，仅依据内因的感知迅速地对问题答案做出判断、猜想、设想。直觉思维具有自由性、灵活性、自发性、偶然性、不可靠性等特点，个体往往按照已掌握的知识经验从整体上考察对象，通过丰富的想象做出敏锐的假设，并“跳跃性”地得出可能不可行或不可靠的结论，这往往是创新的关键环节。直觉的生成必须要有相关知识的积累和特定的情境。

6.互动思维

当遇到思想的瓶颈，走不出自己的思维框架时，可尝试与他人进行沟通和交流，在讨论中迸发思维的火花，从别人的思想中得到启发，获得解决问题的新思路、新方案，这就是互动思维。互动思维有助于人们克服心理障碍，使思维自由奔放，打破常规，获得新观点，激发创新性。

互动思维对一个创新团体而言是十分重要的，当一个人的头脑活跃起来并提出新想法时，就会在一定程度上刺激别人的头脑，带动大家的头脑都活跃起来，即所谓的“头脑风暴”。头脑风暴法是促进创新和互动思维的重要工具。通过创新团体成员之间的融洽氛围和不受限的讨论，头脑风暴法可以促使每个人提出新的想法和观点。在头脑风暴会议中，人们被鼓励打破常规思维方式，发散思维，尽情发表看法。这种开放性的氛围鼓励创新和大胆尝试，让每个人的思维得到了解放，从而激发了人们的创造力和想象力。

头脑风暴法的基本原则是“以量求质、延迟评判、组合运用”。头脑风暴法没有令人拘束的规则，使参与者均能自由地思考，在互动启发中进入思考的新区域，产生更多新观点或解决问题的新方法。当参与者有新观点时就大声地说出来，并在他人提出的观点之上再产生新观点。将所有的观点都记录下来，但当时不进行评论。

只有当头脑风暴会议结束时，才可以评判这些观点。这种方法主要是通过信息的碰撞，引发和加剧思维活动，打破习惯性思维的束缚，克服思想的麻木、迟钝、僵化状态，使思想获得彻底解放，使思维变得极度活跃和灵活，加快思维活动速度，提高思维活动效率。头脑风暴法正被广泛地运用于课堂教学、科学探索、集体讨论等领域。

7.联想思维

联想思维是一种常见的思维方法。它通过将不同事物的形象联系起来，寻找它们之间的共同规律或相似之处，以获得解决问题的思路和灵感。联想思维通常基于两个或多个概念、形象、想法之间的相似性或联系。当我们在联想思维过程中遇到一个诱因，它可能是一个观察到的事物、一个问题或一种感觉，大脑会自然而然地尝试将它与其他相关的概念或事物联系起来。这种自由的思维活动可以激发创造力和创新思维，帮助我们从不同的角度解决问题，发现新的思路和解决方案。通过联想思维，可以扩展观念，发现新的关联和更广阔的想象空间，从而激发创造性思维和创新。

简单来讲，联想一般是由于某事而引起的相关思考，人们常说的由此及彼、由表及里就是联想思维的体现。通过联想可有效地建立不同事物之间的相互联系，对人们开阔新思路、寻求新对策、谋求新突破具有重要意义。例如，发明者通过联想能从舞剑中悟到书法之道、从蝙蝠声频中想到电波、从苹果落地发现万有引力定律。

联想思维一般离不开思维对象的感性形象。它是能动的，却不是纯主观的；是自由的，却不是任意性的。联想思维总是受着客观对象、客观条件的制约，因此它必须指向一定的方向。

联想思维通常可分为以下几种方法。

（1）接近联想

因甲、乙两事物在空间或时间上接近，并已形成巩固的条件反射，于是个体由甲联想到乙，而引起一定的表象和情绪反应。如听到蝉声联想到盛夏、看到大雁南去而联想到秋天到来等。人们常因见某景、睹某物、游某地、见某人，而想到与此景、此物、此地、此人有关的人和事。例如，学生见到大学老师，就想到他过去讲课的情景；老师看到学生就想到教室、实验室及教材等相关事物。

（2）相似联想

指个体由某一事物或现象想到与之相似的其他事物或现象，进而产生某种新设想。这种相似性可表现为事物的形状、结构、功能、性质等某一方面或某几方面。相比联想最主要的特征是对不同的甲、乙事物之间由此及彼的类比推移。例如，美国工程师斯潘塞（Spencer）在做雷达实验时，发现他口袋里的巧克力融化了，原来是雷达电波造成的，由此他联想到用它来加热食品，进而发明了微波炉。

（3）对比联想

由对某一事物的感受引起对与之具有相反特性的事物的联想。对比联想是对不同对象的对立关系的概括。例如，看到白色想到黑色、由黑暗想到光明、由寒冷想到温暖等。例如，日本索尼公司的工程师，由大彩电开始进行对比联想，制成了薄型袖珍电视机。

8.灵感思维

灵感是个体过去从未有过的新思想、新念头、新主意、新方案，产生于大脑对接收到的信息的再加工，灵感思维可激发储存在大脑中沉睡的潜意识，使人们凭直觉领悟事物的本质。灵感思维是一种潜意识与显意识之间相互作用、相互贯通的创造过程，是一种高级、复杂的逻辑性与非逻辑性相统一的理性思维过程。

（四）创新思维的过程

人们通过创新思维要解决前人所没有解决过的新问题，因而创新思维必然具有开创性和新颖性。这也表明创新思维是没有现成答案可以遵循的探索性活动过程。这种探索性的过程是分阶段的，并产生了多种阶段学说。最有代表性的是英国心理学家华莱士（G.Wallas）的四阶段理论，即准备阶段、酝酿阶段、明朗阶段和检验阶段。其他学者的“阶段论”可以视为华莱士四阶段理论的演变和发展。

1.准备期

准备期又称为准备阶段，是准备和提出问题的阶段。准备阶段的目的是使问题概念化、形象化和具有可行性，主要包括发现问题、界定问题和设立目的的过程。

创新思维总是在人们进行某种创造活动的动机和欲望之后产生的。一切创新都是从发现问题、提出问题开始的。问题的本质是现有状况与理想状况的差距。差距引起怀疑和不满，从而产生问题，其实质是理想与现实之间存在的矛盾。正确认识矛盾从而找出确切的问题是关键。物理学家阿尔伯特·爱因斯坦（Albert Einstein）认为：形成问题通常比解决问题还要重要，解决问题不过涉及数学上的或实验上的技能而已，但是明确问题并非易事，需要有创新性的想象力。他还认为对问题的感受性是人的重要资质。所以，从事创造活动，首先必须有一个充分的准备期，这是一个外部信息输入的环节。因为要解决的问题存在未知姓，因此要搜集前人的知识经验，以对问题形成新的认识，从而为创造活动的下一个阶段做准备。

首先，对知识和经验进行积累和整理。任何领域都存在前人积累的知识和经验，人们要想创新，必须对必要的基础和专业知识进行深入学习，目的是储存必要的知识和经验、了解筹集相关技术和设备。爱迪生为了发明电灯，光收集资料整理成的笔记就有 200 多本，总计 4 万多页。创造者在创造之前，应了解前人在同类问题上所积累的经验、前人在该问题的解决上进展到什么程度及已经解决或尚未解决的问题等，做深入的分析。这样，创造者既可以避免重复前人的劳动而浪费时间，还可以从旧问题中发现新问题，从旧关系中发现新关系，有利于挖掘全新、有价值的点。在这个阶段借助专业知识或模型，尤其是前沿技术，将大大提升思考的高度。

其次，搜集必要的事实和资料。任何发明创造都不是凭空发生的，都是人们在日积月累、大量观察研究的基础上进行的。例如，达尔文是经过了许多年的观察、对比才逐步建立起进化概念的。法国微生物学家路易斯·巴斯德（Louis Pasteur）的名言“在观察领域中，机遇只偏爱那种有准备的头脑”。这是因为对机遇观察的解释才是在创造中真正起作用的。机遇只起了提供机会的作用，必须由创造者去认出机会，并有所发现。机会的辨识要求思维主体不能只关注信息的重要性或相关性，而要尽可能拓展看似不相干的信息。这需要思维主体借助各种拓展信息的工具。

最后，明确目标。这要求思维主体了解问题的社会价值，知道它能满足社会的何种需要及具有何种价值前景。明确目标将引导思维主体以终为始进行思考，既利于正确辨别问题，也利于增强解决问题的意愿，最终促进问题解决。准备阶段一般遵循以上三步。在这个阶段里，思维主体已明确所要解决的问题，其收集了资料信息，了解了问题实质，确认了问题的价值。但是，有时候在这个阶段中，人们不断尝试和寻找初步的解决方法、应用有关的知识、操作相关技能等均行不通，以致问题解决出现僵持状态。

2.酝酿期

酝酿期是在准备期之后、解决问题之前的一个重要阶段。在这个阶段，人们会对已有的资料信息进行深入的思考和研究，吸收新的知识和理解，进一步明确问题的本质和关键。酝酿期也是多方思维发散的阶段，意味着人们会从多个角度和思维路径思考问题，寻找合适的解决方案。在酝酿期，人们通常需要投入较大的时间和精力来进行思考和分析，因为这是一个高强度思维活动的阶段。这个过程可能涉及思维主体的反复思考、讨论、实践等，以达到更加全面和深入的理解和认识。在这个阶段，人们拥有相对较长的思考时间，可以更加有机会思考问题的各个方面，寻找创新和可行的解决方案。

创新思维的酝酿期，特别强调有意识地选择。所谓“选择”，就是充分地思索，让各方面的问题都充分地暴露，进而舍弃思维过程中那些不必要的部分。在这一时期，思维主体要从各个方面进行思维发散，让各种设想在头脑中反复撞击、组合，按照新的方式进行加工。此时思维主体要主动地使用创新方法，不断选择，力求生发出新颖的创意。富有创造性的人都注意选择，科学家彭加勒（J.H.Poincare）认为，任何科学的创造都发端于选择。选择的目的就是提高找到真正有价值的创意的可能性。

酝酿过程的深刻和广泛对于创意的丰富性、新颖性、独特性至关重要。

要想打破成见，独辟蹊径，冲破传统思维方式和“权威”的束缚，思维主体酝酿期要有意识地把思考的范围从熟悉的领域扩大到表面上看起来没有什么联系的跨专业领域，特别是常被自己忽视的领域。这样思维主体既能获得更多的信息，还能进行多学科知识的“交叉”，从而在一个更高的层次上把握创新活动的全局，寻找到创新突破口。

有时候，在酝酿阶段中思维主体一时难以找到有效的答案，因而可以通过有意识的转换，把思考的问题一次或多次搁置。研究表明，人的大脑在长时间兴奋后有意松弛，有利于灵感的闪现。所以，若思维主体在此阶段有机结合思维的紧张与松弛，如运动、睡觉、聊天、画画、阅读等，将更有利于朝着问题解决的方向发展。这是因为思维主体潜意识里的思维活动并没有真正停止，问题仍萦绕在其头脑中。

酝酿期需要思维主体具备良好的意志品质和进取性性格，这是思维主体在此阶段取得进展直至突破的心理保证。酝酿期通常漫长而艰巨，可能持续数日、数年。思维主体置身“山重水复疑无路”的困境却又欲罢不能，常会出现类似于“安培把车厢当黑板”“牛顿把手表当成鸡蛋煮”“陈景润对着电线杆说对不起”等狂热或如痴如醉的现象。正所谓“为伊消得人憔悴”，唯有坚持才可能成功，因而思维主体的个性特质尤为重要。这一阶段最大的特点是潜意识的参与。由于问题是处于表面上暂时被搁置而实则思维主体继续思考的状态，这一阶段也常常被认为是探索解决问题的潜伏期。

3.明朗期

明朗期即顿悟或突破期，也即顿悟阶段，指突然找到了问题解决的办法的阶段。在这一阶段，思维主体会突然间被特定情景下的某一个特定启发唤醒，久盼的创造性突破在瞬间实现。人们通常所说的“豁然开朗”即是描述这种状态的。

明朗期是在酝酿期之后，思维主体突然产生有价值的选择和解决方案的阶段。在明朗期，经过准备和酝酿的思维已经达到相当成熟的程度，思维主体很容易受到外界的触发而豁然开朗，找到解决问题的途径。对明朗期的思维主体看起来似乎是轻而易举地得到结果，就像德国有机化学家弗里德里·凯库勒（Friedrich A · Kekule）从梦中惊醒，提出了苯分子的环状结构那样。实际上，这种创新设想的发生并不是偶然的，而是建立在思维主体对问题的浓厚兴趣、专注研究问题、持续思考和强烈渴望寻求解决方法的基础上的。这些前提往往需要思维主体经历一段持久的酝酿期。在酝酿期，人们会通过深入思考、研究和探索，不断积累知识和经验，为解决问题做好准备。思维主体这个过程中需要投入大量的时间和精力，并且可能需要经历一些挫折和迷茫。然而，思维主体只有通过这样的持续努力，其思维才能达到成熟阶段，才能在明朗期中迅速找到解决问题的思路和方案。

在明朗期，灵感思维往往起决定作用，因而明朗期也常被称为灵感期。耐克公司的创始人比尔·鲍尔曼（Bill Bowerman）在吃妻子做的威化饼时，感觉特别舒服，于是他突发奇想，如果把跑鞋制成威化饼的样式，会怎样呢？他拿着妻子做威化饼的特制铁锅到办公室研究，并制成了第一双样鞋，即耐克鞋。

明朗期思维主体的心理状态是高度兴奋的，伴随着强烈的情绪并明显地发生变化。这变化是在一刹那出现的：突然、强烈，常会带给思维主体极大的愉悦。例如，出现阿基米德狂奔呼喊“我发现了！我发现了！”的场景，是因为他在入浴时水的浮力给予的刺激使他想到了解决方法。

明朗期也被认为是“真正的创新阶段”，因为这个阶段的产物对问题的解决是最有价值的。但是如果没有上一阶段思维主体长期、足量甚至过量的思考，灵感是绝不会产生的。所以，前两个阶段的创新性实践是此阶段的必然趋势，此阶段的灵感是前两个阶段创新努力的必然结果。从这个角度来说，有意识地延长准备期与酝酿期是对明朗期的质量保证。

4.验证期

验证期是解释与评价阶段，是完善和充分论证阶段，也称为实施阶段。此阶段主要是对前面三个阶段形成的方法、策略进行检验。否则，思维主体既无法判断正误，亦无法将成果转化为可供他人理解和接受的科学理论。这是“否定—肯定—否定”的循环过程。创新者通过不断地实践检验，从而得出最恰当的创造性思维成果。

验证期，首先是在理论上验证。突然获得的灵感，只存留于思维之中，思维主体要将之加以阐述与呈现，首先需要解释，进行逻辑上的加工和证明。这要求思维主体建立起理论上的支持，通过整理、完善和论证，进一步充实。从灵感得来的结果难免稚嫩、粗糙甚至存在若干缺陷，完全不经过修改的新观点、新设想是比较少有的。其次，还要在实践中检验。思维主体要把抽象的新观点落实到具体操作的层面上，要把得到的解决方法详细、具体地阐述出来并加以推演和验证。创新思维所取得的突破，假如不经过这个阶段，就不可能真正成为创新成果。苯的结构式的灵感源于梦，但苯的结构为环形是凯库勒经过严格的实践证明的。因此，凯库勒曾说过，也许会做梦就可以创新，但在梦被清醒的头脑证实之前，千万别公开它。

此外，验证期还是又一次或进一步创新的探求或尝试。通过检验，思维主体既可能对假设方案进行部分修改或补充，也可能会因为可行性等原因方案被全盘否定。这要求思维主体持有乐观、积极的心态。虽然验证期思维主体的心理状态较平静，但需要其耐心、缜密，不急于求成和不急功近利。这是由于前三个阶段的高强度思维付出，思维主体极易忽视影响方案的不利因素，而极力扩大或夸大方案的成效。

总之，创新思维通常难以一蹴而就，在每个阶段思维主体都可以应用各种思维方法拓展知觉，以产生好的创意。

创新思维的“四阶段理论”是一种影响很大、传播很广而且具有较强实用性的过程理论。准备期的重点是掌握知识、收集材料、扩展知识，初步探索。酝酿期是思维主体对问题进行思考和分析后寻求答案，重点是理解、吸收已有的资料信息，不断深化对资料的认识过程，或者反复思考如何解决问题，促使思维主体找到问题的关键。明朗期是思维主体经过酝酿期的思考分析后，产生创造性的新思想、新观念，并在灵感的触发下形成解决问题的新假设。验证期是思维主体对许多新思想、新观念、新设想加以实验、评估和实践。这四个阶段蕴含着思维从发散到收敛的过程。

创新思维过程的“四阶段理论”虽不能确切说明创造性思维产生的过程，但思维主体在不同阶段的心理情绪变化对潜意识与灵感产生的相关研究则具有较好的启发作用，特别是从认知心理学的视角探讨创新思维培养的实践性则更具价值。

二、创新能力

（一）创新能力的内涵

创新能力不仅仅是质疑、评判和调查的能力，它还包括在科学、技术、管理以及其他实践领域中，不断提供具有经济、社会和生态价值的新思想、新理论、新方法和新变革的能力。在新知识经济时代，创新能力已成为一种综合能力的体现。创新能力的内涵应当包括获取知识的能力、观察事物的能力、处理信息的能力、坚韧不拔的毅力以及精诚合作的精神等。这些能力和素质相互依存，无法分割。在当今快速变化的社会环境中，创新能力的发挥对于个人和组织都具有重要的意义，能够帮助人们应对复杂多变的挑战，推动持续发展和进步。

1.创新能力的基础获取知识的能力

科技高度发达的21世纪，获取知识的途径多种多样，人们应具备从多种知识载体中获取新的信息和知识的能力，进而促进人类社会不断发展。总的来说有两种获取知识的途径，即直接途径和间接途径。直接途径是从阅读图书或亲身实践中获取知识，间接途径是从人与人的交流或承载信息，知识的媒体中获取知识。网络信息时代的到来，加速了知识和技术的更新，为此，人类的学习不能间断，终身学习便是这个时代的特征。

2.创新能力的源泉观察事物的能力

人们常说“处处留心皆学问”。观察事物的能力就是人们在对周围事物进行有目的、有计划而且比较持久的知觉过程中，能全面、深入、准确及迅速地把握事物特征并提炼出自己感兴趣的素材的能力。这就要求我们仔细地关注本学科以及相关学科的发展，同时要留意社会和经济等制约因素的发展状况。培养人的观察力就要开拓观察事物的视觉，端正审视发展变化的态度，提高自身观察事物的能力，这样人们就能够寻找到新的问题，进而促进创新的产生。

3.创新能力的关键处理信息的能力

处理信息的能力是指个体或团体从获得的知识和信息中提炼出对自身发展和专业学科建设有益的信息，以及从中提取有助于解决难题、推动任务完成的信息。信息的处理过程，本质上是一个信息整合和凝练的过程。在这个过程中，人们要尊重事实，去伪存真，取其精华，去其糟粕，注重寻找和运用关键信息，寻求处理问题的方法，这便是培养创新能力的关键。

4.创新能力的动力坚韧不拔的毅力

坚韧不拔的意志品质，是推动人类社会不断进步的不竭动力。从古至今，在生活中和事业上取得成功的人往往都具有顽强的毅力和开拓进取的精神。坚韧不拔的毅力便是成功的保证、面对挫折的法宝和诞生奇迹的暖床。创新的本质是突破，即突破旧的思维定式和旧的常规戒律。想要创新，就要有信心、有决心、有毅力。因此，如要实现事业上的创新，就要不断培养坚韧不拔的精神。

5.创新的核心精诚合作的精神

当代各领域的创新越来越倾向合作，个人的冒险和探索精神不可或缺，但个人的创新始终有限，而集体的创新是无限的。当今科学技术高速发展，一项重大课题大多涉及众多领域，因此必须依靠团队合作来完成。通过开展研究和讨论，团队经过竞争与合作来积累经验、积聚力量、启发创造性思维和激发热情，使团队内各成员之间形成和谐和融洽的氛围，实现团队与成员共赢。

（二）创新能力的特征

1.心智性

创新能力的心智性是指创新主体在创新的过程中，将自身的智力、知识和技能等要素进行有机整合，形成具有独特性和创造性的思维和行为方式。这种心智性的特点在创新主体的个性心理品质和智力水平上得到了体现。从创造能力的角度来看，可以将创新能力理解为抽象思维力、形象思维力和想象力等多种智力因素的有机整合。抽象思维力是指运用逻辑推理、归纳演绎等抽象思维方式进行思考和分析的能力；形象思维力则是指运用形象、图像、意象等具体形象的方式进行思考和解决问题的能力；而想象力则是指运用联想、创新、幻想等思维方式，创造出新的形象和概念的能力。为了促进创新能力的发挥，创新主体需要充分发挥想象力的作用，同时也要注重左脑的抽象思维能力和右脑的形象思维能力的结合。左脑的抽象思维能力可以帮助我们深入思考和分析问题，提出具有逻辑性和严谨性的解决方案；而右脑的形象思维能力则可以帮助我们更好地理解和表达事物的形象和情感，提出具有创造性和独特性的解决方案。因此，在开发人的创新能力时，最本质、最核心的是开发人的心智力量。

2.首创性

创新能力是创新主体在创新活动中形成的前所未有的推动文明发展的能力，具有首创性的特点。

首先，逻辑思维活动中形成首创性的创新能力。逻辑思维是思维主体按照一定的思维规律和规则，通过分析和综合来认识事物的有序思维过程。在运用辩证逻辑思维方法时，思维主体通过分析，可以将问题或概念分解为不同的部分，以便更深入地理解和研究。这种分解使人们能够更准确地掌握问题的细节，找出其中的关联和相互作用，从而揭示整体的性质和特征。通过综合，学生可以将各个部分的认识概括起来，形成对整体的综合理解。这个过程可以帮助学生把握问题的全局，发现各个部分之间的相互关系和相互作用，从而促进其创新能力的发展。

其次，形象思维活动中形成首创性的创新能力。形象思维是一种将抽象的问题或理论转化为具体的、可感知的形象，以帮助学生更好地理解事物的思维方式。运用形象思维的方法，思维主体可以将问题或理论转化为典型的形象，即具体的图像、场景或实例，以便更直观地把握事物的本质和规律。通过形象的视觉化和感知性的表达，思维主体可以更深入地理解问题的关键点、特点和内在关系，从而更好地解决问题或认识事物。

再次，创造思维活动中形成首创性的创新能力。创造思维是一种非逻辑的思维形式，其主要特点是以灵感、直觉和顿悟为基础。在一定的触媒或刺激下，创造思维能够激发我们的灵感和直觉，从而引发非传统的想法和观点。创造思维的过程通常是有序—无序—有序的循环。其初始阶段可能是混乱和不确定的，但随着思维的发展和整理，最终会达到有序的结果。同时，创造思维还涉及意识—无意识—意识的转变，思维主体可能会从无意识层面上获得灵感和启示，然后在意识的指导下进行思考和理解。例如，在认识未知领域中复杂多样的事物时，创造思维能够帮助学生运用灵感、直觉和顿悟的思维方法来探索和揭示事物的本质和规律。通过这种非逻辑的思维过程，学生可以突破传统的思考模式，寻找新的解决方案，破解难题，产生创新的观点和想法。

最后，从逻辑思维、形象思维和创造思维的整合思维活动中，形成首创性的创新能力。逻辑思维、形象思维和创造思维的整合能够形成更高级的创新能力。逻辑思维主要由左脑负责，而非逻辑思维（即形象思维和创造思维）则是由右脑负责。当这两种思维方式协同工作、相互补充时，就能够产生更全面、更富有创造性的思维活动。逻辑思维能够帮助学生进行系统性思考和分析，它强调逻辑关系和推理，常用于解决问题和处理复杂信息。形象思维则通过图像、感官和情感的表达来理解和创造新的想法。而创造思维则强调灵感、直觉和顿悟，它能够突破传统的思维模式，以非逻辑的方式产生新的观点和想法。当学生能够整合逻辑思维、形象思维和创造思维时，就能够形成更全面、更富有创造性的思维能力。这种整合思维活动是全脑思维的活动，它能够充分发挥学生左脑和右脑的优势，从而产生创新的想法和解决方案。

3.超越性

创新能力的超越性指的是在创新活动中，创新主体能够突破固有的思维定式，实现思维能力的跳跃。创新能力的超越性体现在两个方面。

一方面，创新主体通过对已有知识成果的综合或重新组合，引导创新能力的超越。例如，在人类航天史上“阿波罗”登月计划取得了重大突破，展示了人类非凡的创新能力。众所周知，“阿波罗”登月工程所使用的成千上万个零件没有一个是新发明的，它们都是人们对已有知识和成果的综合或重新组合的结果。由此可见，人们对已有知识、成果的综合或重新组合引导着思维能力的超越。

另一方面，突破思维定式引导创新能力的超越。牛顿创立的牛顿力学在一定程度上体现了牛顿创新能力的超越性。牛顿力学是从静力学超越发展为动力学的。牛顿力学统治了科学界200多年，以至于人们把牛顿力学绝对化，依据牛顿力学对一切科学进行解释和说明。由此可见，创新主体在创新实践中突破思维定式必然引导创新能力的超越。

4.整合性

一般来讲，整合效应对于创新能力的提升至关重要。整合思维创新能力与整合创新思维是相互关联、相互促进的两个关键要素。创新能力整合的正效应产生前提是创新主体的整合思维创新能力和整合创新思维能够灵活有序，不断发展。创新主体能够将各种不同的思维和观点整合起来，形成全新的、综合的解决方案，从而推动创新能力的提升。相反地，如果整合思维创新能力和整合创新思维之间的关系发展不协调，就可能会导致创新能力整合的负效应。这意味着创新主体在整合思维和创新思维之间存在一定的冲突或者不协调，从而阻碍了创新能力的发挥。这可能导致创新主体在创新活动中无法充分发挥其潜力，限制了创新能力的整合和提升。

第二节　大学物理教学培养学生创新能力的必要性

一、物理学在培养学生创新能力方面的独特作用

（一）物理学的发展史对培养学生创新能力的作用

物理学的发展史是一个不断革新的过程。从亚里士多德时期开始，到牛顿时期的经典力学，到现代的相对论、量子力学，都在一定程度上彰显了物理学家的创造力和创新精神。大学物理教师不仅要教授物理知识，还要培养学生的创新意识，以激发他们的创造力。物理学中很多重大的规律的发现来自几代物理学家的卓越的创造力。例如，当讨论到牛顿第一定律、欧姆定律、焦耳定律等科学上的重要结论时，教师就会着重指出物理学家是怎样发现定律，并向学生展示他们的发现过程，从而激发学生的创造力。

（二）物理学本身的特点

1.物理学是一门观察、实验和物理思维相结合的科学

观察是研究自然现象的最好方法，因为这些现象是自然产生的。观察能引起物理思考的现象叫作物理观察。在日常生活中，人们经常会遇到各种各样的物理现象，如车子突然停下来，坐车的人身体前倾，或是雨后的天空中出现了一道漂亮的彩虹。如果观察者看到这些情况，马上就会产生这样的想法："为什么当汽车停下时，人们的身体会向前倾斜？"为什么下雨之后会有一道彩虹在天上？这种观测是一种物理观察。物理实验是一种人们对环境的可操作性的认知行为，其强调了对物理现象的发生、发展和变化的控制，使人们可以更好地进行观测和获得数据。在大学物理教学中，学生通过观察和实验来对物理加以了解。学生在基础知识积累、初步观察、分析、归纳的基础上，必然要解决物理现象的解释、物理过程的分析、习题的解答、仪器的运用。因此，有些创新能力会在解决问题的过程中得以发展。

2.物理学是一门基础学科

物理学是研究关于物质运动、物质基础和物质相互作用的最普遍的法则。其不但为其他学科奠定了坚实的基础，更重要的是，物理学所揭示的时空与物质的关系，在很大程度上影响了人类的哲学思想。而物理学又是应用学科的基石。例如，电气工程、无线电波、微波，都是建立在电磁场的基础上的。没有研究过最根本、最普遍的物质运动的法则，是不可能研究高等形式的运动的。物质的生命活动总是建立在机械、热、电磁等方面。没有机械、热、电磁等的运动，是无法揭开生命运动之谜的。所以，物理学应该是一门有着广阔技术应用前景和创新性的科学。大学物理教学中所蕴含的创造性教学内容十分丰富，是一种很好的培养学生创新思维的方法。

二、大学物理教学中培养学生创新能力的优势

（一）物理是一门起始学科

物理学是大学学习的起始学科之一，其中的很多物理现象都会引起大学生的兴趣。兴趣是一种人对某一事物的认识与探究的心理趋势，是一种非智力的学习要素，但其又是一种内在的驱动力，促使人不断地追求知识。动机在教育心理学中是很重要的，学生对学习的兴趣则是学习的重要动力。因此，在大学物理教学中，老师必须从学生的兴趣入手，不断地激发他们的兴趣，并将不同的教学方法有机地结合在一起，最终才可以促进学生创造力的发展。

大学物理教材的目的之一就是要让学生了解一些物理现象，了解一些基本的物理，以便他们去学更抽象的力学和电学。

（二）物理学在教学中处于基础而重要的地位

随着科技的发展和学科的不断进步，物理学在工业、农业生产中的地位越来越重要。物理知识已经被广泛应用于生产的各个方面，而技术的进步也使物理学在生产中的应用更加深入。因此，大学生在今后的工作中，要解决一些物理问题并取得成功，对物理学的了解是不可或缺的。物理学是生物学、化学等学科的关联学科，如果缺乏一定的物理知识和创新意识，学生将很难在高等学科领域取得成功。学生需要掌握一定的物理基础知识，并具备相应的创新能力，才能进行深入的学科研究。物理学提供了理解自然界的基础，它的原理和概念也可以被用于解决实际问题。在工业生产中，物理知识可以帮助我们了解并优化工艺流程，提高生产效率。在农业生产中，物理学有助于我们了解土壤和植物的特性，优化种植方式，提高农作物产量。物理学也被应用于能源开发、环境保护、医学诊断等。

三、大学物理教学中培养学生创新能力的制约因素

（一）学校因素

学校应营造有利于创新的环境和氛围，而培养大学生的创新能力则需要从多个方面进行改革和提升。

首先，应该重新审视学校的教育目标，除了传授知识外，注重培养学生的创造性思维和解决问题的能力。教学方法也应该多元化，不仅重视传统的课堂授课，还要注重启发式教学和实践探究，鼓励学生通过实践和团队合作进行创新探索。

其次，在师生关系方面，学校需要倡导平等和相互尊重的教师与学生关系，打破传统的单向传授模式，鼓励学生发表自己的见解，提出问题和挑战，激发学生的创造力和思维活跃性。

此外，在教学管理体系上，学校应该从严格的监管模式转变为更加灵活和包容的管理模式，鼓励学生的多方面发展，培养其自我管理和自我认知能力，帮助他们建立自信心和创新意识。

（二）社会因素

社会是影响大学生创新能力发展的宏观环境，全社会都要营造一种与时代特点相适应的人才培养环境与支撑机制，推动创新与舆论引导。

一是要正确处理好教育行政与学校的关系。如今，我国现行的教育管理制度存在粗放僵化、管理僵化的问题，学校缺乏自主办学、办学模式单一、办学特色不能适应高校办学特色的创新发展。

二是要加强人才的创造性发展，必须在教育领域加大资金投入。只有智慧还不够；还必须有一定的资金，良好的工作条件，以及建立创造的环境。

三是要充分发挥公众舆论的作用，引导全社会正确认识人才，在知识创新、科技创新等方面营造良好的社会环境。这种有利于创新的社会环境，才能激发学生对知识的渴望、对创新的兴趣，以及促进新思想的形成。

与此同时，还必须通过政策和法律来鼓励学生对创新的热情，并保护他们的创造性。在人才问题上，要鼓励、扶持有才能的人，顺应人才成长的规律。

（三）家庭因素

家庭对于学生的创造性发展有重要影响，良好的家庭环境可以促进学生的创新能力的培养。在促进创新的家庭环境中，家长与学生之间的关系非常重要。良好的家庭关系可以激发学生的创新思维，使他们的行动与众不同。家庭成员之间的互动和鼓励可以激发学生的好奇心，让他们进行创造性的活动。家长可以给予学生足够的自主权，让他们有机会尝试新的想法和做法。，家长还可以提供必要的支持和资源，帮助孩子实现他们的创新梦想。

然而，中国家庭中的“忠孝”观念对学生的创新观念产生了一定的影响。在传统观念中，顺从和老实被认为是好学生的重要特征。这会导致一些学生在表达自己的观点和意见时感到压抑，害怕与权威人士产生冲突。这种观念限制了学生的个性发展和创造性思维的展示。因此，应进行家庭教育时，家长应该鼓励学生勇敢地表达自己的观点，支持他们的创新思维，培养他们的自信心和独立思考能力。

四、大学物理教学中培养学生创新能力的紧迫性

近几年来，教育的改革取得了长足的进步，然而，在学校教育中，特别是在教室里，往往强调的是书面知识，而忽视了实际操作；重视学习成果而忽视学习过程；强调间接的知识而忽视了直接的体验；偏重师资培养、轻学生探究等长期存在的问题依然未得到有效解决，这主要是因为传统的教育理念的影响，如注重成绩而忽视了学生的学习过程。在教育方面，教师讲授书本知识，忽视实际操作；学生重视学习成果而忽视学习过程；学生强调间接知识而忽视直接体验；教学中注重教师的引导，而忽视了学生的探索；学校

偏重考试分数，忽视综合素质的培养等问题仍然存在。这不但使学生的学习积极性降低、学习负担加重、探究精神萎靡，还会对提高学生素质、全面贯彻教育政策、培养创新型人才等产生不利的影响。传统的教育观念、教育模式、教育引导系统不能有效地促进学生的创造力发展。21 世纪是知识经济的时代。知识经济是以知识和信息为基础，进行生产、传播和利用的一种经济形式。知识经济的出现，标志着人类社会的大规模工业化时代已经走到了尽头，将步入以知识、资讯为主的知识经济时代，而以创新为核心的新经济模式，必将改变传统的教育理念。

第三节　大学物理教学培养学生创新能力的策略

一、大学生创新能力的开发

大学生创新能力的开发内容包括自我创新能力开发、预测决策能力开发和应变能力开发。这些能力对于大学生未来的工作和生活具有重要意义，能够帮助他们适应快速变化的环境，充分发挥自己的潜能，解决问题并做出有效的决策。因此，大学生在学习过程中应该注重培养这些能力。

（一）自我创新能力的开发

1.学

大学生应该学习创新的基本知识，提高自我能力，增强责任感，强化创新动机。天才、伟人、科学家、发明家、革新家之所以获得成就，是因为他们有独特的思维方式，他们与常人的区别在于前者运用创新的思维，后者运用复制性和常规性的思维。创新的思维是完全可以习得的。我们要开展思维的训练，学会在工作、学习和生活中运用创新的思维方式，把创新的思维方式转化为自己的思维方式。要学习并掌握常用的个体创新技法和群体创新技法。方法就是世界，采用了什么样的思维方式和方法决定了创新者取得什么样的结果。从某种意义上讲，社会的发展取决于方法的进步，而个体与群体的创新技法是创新思维转化的工具。在什么情况下，面对什么样的问题，选用什么样的创新技法决定了创新活动的速度和获取创新成果的频率。

2.练

大学生应该学了就练，学练结合。日常的训练是培养创新能力的关键。大学生通过不断地实践和训练，头脑能够更加灵活、富有弹性，从而更容易产生创新的想法和解决问题的方法。学生练习想象力、发散能力、联想能力和变通能力可以有效地激发创新思维，帮助他们在面对问题时能够从多个角度进行思考，并提出创新的解决方案。此外，学生练习创新的构想也是非常重要的，只有不断进行构想和提出想法，才能从中筛选出具有创新潜力的构想。

3.干

干就是实践，实践是培养大学生创新能力的重要途径，通过实践活动，学生可以运用创新的思维和技巧，发挥他们的创造力，解决实际问题。学生在观察事物时应用创新思维，能够发现许多潜在的问题和挑战，并寻找创新的方式来解决这些问题。

4.恒

恒就是经常化、制度化。将开展创新活动、迅速提升人的创新能力作为长期战略任务，可以为整个组织或社会的未来发展奠定坚实基础。学校通过不断开展创新活动，可以营造出激励学生发挥创新潜能的氛围，鼓励学生提出新想法、尝试新方法，并将创新融入工作和学习中。无论对于企业界还是教育界，生存和发展是硬道理。如何发展？唯有创新，不创新就死亡，也是硬道理。

（二）预测决策能力的开发

1.开拓创新，慎重果断

当学生具有开拓创新的意识，有改变现状的迫切性，其才可以敏锐地发现和提出问题，面对复杂情况拟订各种方案，深思熟虑，谨慎选择。在创新关头，要“当机立断”，在实施中，要坚定不移，不要轻易放弃原先的创新理念。

2.谦虚博学、实事求是

学生要使自己知识渊博并巧于运用，使自己在创新时足智多谋。

3.深入实际、集思广益

要善于深入实际，吸取群众的智慧，支持群众的首创精神。学生要广泛征集各种意见，包括听取反面意见，集思广益，发挥创新决策组织的作用。一旦发现失误，学生应敢于否定原先的决策，具有一定应变能力。

4.按科学程序进行创新

内科学程序进行创新是科学决策的重要保证，一般要经过调查研究、确定决策目标、制定方案、方案选优、方案实施、信息反馈、修整调整等阶段，防止个人独断专行。

5.注意采用先进的科学决策方法

科学决策常常采用定量分析与定性分析相结合的方法。常用的科学决策方法包括调查研究、咨询技术、预测技术、环境分析、系统分析、决策分析、可行性分析、可靠性分析、灵敏度分析、风险分析、心理分析、效用理论等。学生在选择最优方案时，情况非常复杂，最后选定的方案不一定每一个指标都是最优的，这就要求学生运用自己的知识、经验和智慧，做出正确的决策。

6.追踪决策

若决策实施的结果表明采用原来的决策将无法实现预定目标而需要对目标或决策方案进行重大调整时，可采用追踪决策。从本质上来讲，追踪决策是重新对原来的问题进行一次决策。由于追踪决策要改变原有决策，有时易使学生产生感情冲动，失去公正、客观的评价。

（三）应变能力的开发

1.培养敏锐的观察力

优秀的管理者应当富有理想和广泛的兴趣，能够深刻地洞察社会和管理现状，并具有敏锐的问题发现能力。学生要能够预见问题未解决对管理和创新的不良影响，具备掌握管理对象心理和要求的能力，同时激励自己去思考、探索解决问题的方法和途径。

2.形成立体思维和辩证的能力

学习、知识和思想是开发潜在意识和培养丰富想象力的基础。当学生拥有广博的知识和深入的理解时，他们就能更好地理解问题，并从各种角度去思考和解决问题。这种能力可以促进创新思维，使学生在遇到问题时能够提出独特的观点和建议。

3.学会独立思考、巧于变通

学生要对自己充满信心，在各种议论面前，能独立思考，决不盲从，并善于运用综合、移植、转化等创新技法，排忧解难。自信、独立思考和创新能力是成功的关键。独立思考意味着能够对信息和意见进行深入思考，并且不盲从他人的观点，同时善于运用创新技法解决问题，包括综合、移植和转化，有助于排忧解难，找到创新的解决方案。

4.要脚踏实地、敢作敢为

决不优柔寡断，思前虑后。学生面对复杂环境，要能迅速提出意见，并把它变成计划，付诸行动。学生还要敢于负责，工作踏实，不达目的，决不罢休。“计划不如变化快”，好的执行力还需好的应变力来配合，即在工作中不断修正，以保证计划得以实现。应变力的属性和水的属性相似，遇弯则弯，遇直则直。

5.随机应变，因势利导

随机应变的战略是必要的。组织内外的形势和条件是变化的，学生要适应变化，就必须适时调整战略，审时度势，随机应变。学生应按照情况和形势的变化科学地调整自己的策略方法，且在随机应变时要注意发现问题的所在。

二、基于大学物理教学的学生创新能力培养

（一）营造和谐的教学氛围

1.用全新的教育观念指导教学

作为创造性教育的组织者、领导者和实践者，教师应正确地理解和抛弃陈旧的教育观念，树立正确的教学理念。在知识经济与社会发展的要求下，创新教育对培养创新型人才具有重要意义。如今，当务之急是抛弃传统的应试教育，全面推行素质教育，培养创新型人才。

所以，教师要转变以传授知识为目的的教学观念，形成现代教学观念，把培养学生的创新思维作为教学的根本目的。教师要按照学生的身心发展规律，切实尊重学生的主体性，精心设计、创造和谐的创造环境，让学生在创造的过程中发挥出最大的创造力。

2.建立和谐的师生关系、激励学生积极参与

教师容易教，学生快乐学，是教师和学生共同的愿望和理想。然而，很多教师都认为，教师的权威是不可挑战的，这一方面是因为传统的教学观念会在一定程度上影响教师的教学理念：学生只能服从教师，哪怕教师做得不对，学生也不能公然向教师提出质疑。教师道德观的偏差、教师与学生之间的不平等，导致课堂氛围僵化和凝重。这不仅会降低教师的教学质量，还会在一定程度上削弱学生的学习动机，从而影响他们的创造力。现代教育理念倡导教师应该抛弃过去的权威观念，与学生建立平等、相互尊重和理解的良好师生关系。教师创造一种轻松、愉悦的课堂氛围可以激发学生的学习兴趣和参与度，同时鼓励他们积极主动、勇于创新。

在课堂上，就算学生的问题很幼稚，很荒谬，教师也不能随便用“不

对”“你错了”“没有道理”之类的话来评价，更不能训斥和嘲讽。同时，教师要积极地对学生进行激励与指导，要充分信任并尊重学生，才可以使他们有好奇心、有创造力。教师在任何时候都应该尽力去肯定、赞扬、欣赏学生。教师在大学物理课堂教学中运用上述教学方法，有利于激发学生的学习积极性、主动性，培养学生的创造性。

也就是说，要构建和谐的师生关系，教师首先要认识到自己在课堂教学中所扮演的角色的改变：从传授知识到教授学生如何获得知识；从解释到启发；从“教师权威”到“师生民主”。教师应尊重学生的个性，平等对待每一个学生，积极营造民主和谐的课堂气氛。教师必须充分肯定学生的角色。教师要通过自身的创新意识、创新思维来影响和培养学生的创新意识和创新能力，形成一种良好的创新环境，促进学生创新思维的形成。

（二）扎实开展课题探究

1.注重课题探究，培养创新能力

探索与接受是两种基本的知识获取途径。当前大学物理教学中存在着太多的“接受式”，学生的亲身体验太少，这不仅影响学生对知识的理解和掌握，还影响学生的创造力。有关心理学的研究表明，能力是由活动产生的，而各种能力只有在相应的活动中才能得到发展。培养学生的创造性，教师需要对某些问题进行研究。学生在探究活动中要享受科学的快乐、体验科学探索、接受科学价值观教育等。在教师所创造的现实环境中，学生会发现并提出问题，并做出合理的猜测和假定，再由学生设计研究计划，用自己的大脑思考，证明自己的猜测，最终验证物理现象和定律。研究的基本过程本质上是一种科学的思考过程，在各个阶段都渗透着思维与想象的有机结合，体现了科学方法的运用。在大学物理教学中，教师通过探究式学习的方法可以激发学生的学习兴趣和动手能力，从而提高他们的创新意识和创造力。教师可让学生亲身参与科学实验并获得实验数据，帮助他们培养实事求是的科学态度和勇于创新的科学精神。

2.从实际出发，选取切实可行的探究课题

教师对探究课题的选择在一定程度上决定了学生创新能力培养的效果。教师所选取的课题宜能在物理课程或教材中找到依据，并在此基础上加以发展。例如，教师在讲噪声的危险与控制时，让学生到本地菜市场附近的住宅区进行噪声检测，这些都源于课堂教学。教师选择课题要综合考虑学生的知识、能力、调查时间、材料等因素，不能与学生的实际情况脱离，也不能与学校的

硬件条件脱离。

（三）强化学生的实验实践

对于 21 世纪的人才来说，不仅需要拥有丰富的知识，还需要具备实际操作和创新能力。

1.让学生多动手、会探索

（1）加强课内实验

观察力是智力的门户和源泉，课堂中的演示实验除了要求学生观察清楚现象，还要求他们了解实验装置的构造和原理。有的演示实验可以师生合作，有时甚至允许学生动手操作演示实验，课前教师可以组织学生一同准备演示实验，让学生接触仪器。

为了让学生多动手，有的演示实验可改为随堂实验，当教学程序进入演示实验阶段，教师让全体学生自己动手，边听边操作仪器。

课内实验中的分组实验，要求学生做到：明确目的，通晓原理，熟悉步骤，良好操作，分析数据，撰写报告。学生在实验操作中，教师要抽查、督促指导。

（2）开展好课外小实验

“听课、读书、做题”这种惯用的获取知识的途径，有时不利于学生学好物理。物理教学应当以实验为基础，学生的课外作业除了做题，还应开展好课外小实验。

外课小实验的实验，器材应简便易得，实验内容应紧密结合教材，具有实践性、观察性和思考性。教师也可围绕大学物理教材，编排一些小实验，穿插在不的同章节之后，让学生在课外通过观察、动手、动脑去获得知识和能力。

（3）提高实验的探索含量

学习传统实验不仅可以帮助学生理解物理规律和培养实验技能，更重要的是能引导学生领会实验的设计思想，从而学会用实验验证规律、探索规律。通过实验过程，学生可以体会到科学探索的乐趣，进而提高创造力和解决问题的能力。

不管是演示实验，还是学生实验中的验证性实验，教师都可以设计出一系列问题，让学生去探索。教师在学生分组实验时，还有另辟蹊径，让学生采用其他方法进行实验，这是提高学生探索性的另一个方法。

2.让学生懂创造

学生在“多动手”的前提下，磨炼“会探索”，在“会探索”的基础上才能“懂创造”。

创造是一项活泼的综合性课外活动，学生需用创造技法武装头脑。创造技法是在创造性思维指导下的关于创造发明的一些原理、技巧和方法。

为了让学生懂创造，在大学物理实验中，介绍一些创造技法是有必要的。这里仅倒举几种。

（1）智力激励法

智力激励法又称集思广益法，具体来说是通过一种特殊的会议，使参会的人独立思考、相互启发，在短期内产生多种创造性设想，最后通过讨论，得出最佳方案。

在大学物理实验教学中，采取班级或小组集体思考的方式，教师提出一个课题，让学生酝酿议题，各抒己见。学生应短时间内相互激励、相互弥补，引发创造性设想的连锁反应。最后由教师整理归纳，提出解决问题的最佳方案。

（2）缺点列举法

缺点列举法是一种常用的创新方法，它侧重于从现有事物的缺陷或问题入手，通过发现和列举这些缺点，寻找解决方案，以达到改进或创新的目的。这种方法通常适用于产品、服务或流程的创新，可以帮助人们发现现有系统的瓶颈、功能缺失或用户体验问题，然后提出有针对性的改进方案。

（3）综摄法

综摄法包含两条原则。

①异质同化的原则。就是人们在创造发明不熟悉的东西时，借用现有的东西和熟悉的知识启发出新的设想。

②同质异化的原则。就是人们对已有的东西运用新的知识或者从新的角度去观察、分析，引发出新的设想来。可以由教师提出课题，学生用统摄法进行创造，教师也要引导，逐渐让学生自选课题，从生活中找课题，其创造的思路会更开阔。

（四）提高大学物理教师的综合素养

大学物理教师在课堂上要充分发挥教师的作用，才可以培养学生的创新思维。教师不仅要具备较强的物理综合素质，还要不断地提高自己的综合素质，要不断地学习先进的物理知识，提高自己的专业技术水平，不断地更新自己的教学方式和方法，使学生充分认识到创造的积极作用，从而使学生的学习积极性大大增强。

1.提升教师对教育理论的认识

教育理论是一套教育观念、教育判断或命题，其通过一定的推理方式，对教育问题进行系统化的表述。

第一，教育理论包括教育观念、教育命题、推理等。如果没有关于教育的观念和要求，仅仅是对教育现象的系统的描述，那么，即便教育理论是系统的，也仅仅是关于教育现象的说明。

第二，教育理论是对教育现象和现实的一种抽象的总结。从本质上讲，理论要比实际的事实和体验更为重要，因为它是一种形式的描述体系，但是其内容却是对教育的现实与体验的浓缩，并非直接地反映了教育的现实与现象，而是间接、抽象地反映了教育的现实与现象。

第三，教育理论具有系统性；如果没有某种逻辑上的辅助，一个单一的教育观念或教育主张，不会形成某种体系，它只是一种零星的教育观念，即使是对、事物的普遍反映，都不能成为一种教育理论。

科学的教育理论对教育的决策起到了引导作用，对教育实践起到了一定的规范作用。具体而言，人的行为是由思想决定的，教师的教学行为也是由思想决定的。教育思想的确立是以教育理论为基础和先决条件的。在教育实践中，教师要合理地选择教育模式、策略和方法，必须从教育实践的角度出发，合理地进行教育改革。任何与教育规律背道而驰的教育活动，都会在实践中遭遇种种问题，使其不能达到终极目标。同时，在教育实践中，还需要教育工作者反思教育行为，并在教育理论的引导下，从理论上加以剖析，寻找问题的根源，从而提升和拓展教育主体的理论性。

所以，教师在教学中既要注重积累教育经验，又要注重研究教育理论。教师只有以理论为指导，把实践提升到理论水平，才可以不断地对自己的教学行为进行改进，并为广大教育工作者提供可借鉴的宝贵经验。

2.加深教师对物理教学的理解

大学物理教师既要教基础知识，又要注重学生的兴趣，使学生主动投入教学活动中，从而提高其创新意识基础知识和技巧。新课程标准把物理教学的目标划分为三部分：知识与技能、过程与方法、情感态度与价值观。这就更加明确了，教育是以促进学生全面发展为目标的，为了达到这个目标，教师必须进一步认识大学物理教学。

第一，除了与考试大纲有关的教材内容外，教师还应关注物理学历史、物理学规律的阐明过程、物理学研究的主要方法、解决问题的方法、解决问题的思路、周围的物理现象和热点问题。

第二，教师应该让学生有充分的时间和空间去经历科学探索，运用物理学的基本理论和方法去解决某些实际问题。教师应鼓励学生进行协作，并鼓励他们敢于表达自己的观点，鼓励学生从理论的角度分析自己的观点是否正确，教师不要盲目地否定教材中的观点，而是要培养学生勤于思考的态度，不要盲目地相信权威。

参考文献

[1] 王较过．物理教学论 [M]．西安：陕西师范大学出版社，2003．

[2] 阎金铎，郭玉英．中学物理新课程教学概论 [M]．北京：北京师范大学出版社，2008．

[3] 籍延坤．大学物理教学研究 [M]．北京：中国铁道出版社，2013．

[4] 周一平，李旭光．大学物理课程开放式教学设计 [M]．长沙：中南大学出版社，2015．

[5] 寇祥亮．现代物理教学与反思 [M]．成都：电子科技大学出版社，2016．

[6] 谭孝君，王影，齐丽新．物理教学模式与视角创新 [M]．长春：吉林人民出版社，2017．

[7] 张同洋．创新视角下的物理教学模式 [M]．长春：吉林人民出版社，2017．

[8] 薛永红，王洪鹏．物理文化与物理教学 [M]．济南：山东科学技术出版社，2018．

[9] 杨晓青，邓友斌，王涛．在物理教学中实现有效教学的策略研究 [M]．长春：吉林大学出版社，2019．

[10] 庾名槐，陈文钦．大学物理混合式教学指导 [M]．长沙：湖南大学出版社，2019．

[11] 王祖源，张睿，张志华．基于 SPOC 的大学物理混合式教学设计 [M]．北京：清华大学出版社，2019．

[12] 何善亮．物理教学的基本问题 [M]．南京：南京师范大学出版社，2019．

[13] 张静．基于心智模型进阶的物理建模教学研究 [M]．南宁：广西教育出版社，2020．

[14] 闵琦．大学物理 [M]．北京：机械工业出版社，2020．

[15] 杨华．大学物理教学演示实验 [M]．北京：科学出版社，2022．

[16] 奚静之．莫奈论艺术 [J]．世界美术，1979（03）：33–40．

[17] 郭奕玲．李政道教授在清华大学讲演没有今日的基础科学就没有明

日的科技应用 [J]. 工科物理，1992（03）：1–3.

［18］胡象岭，陈为友. 物理教学过程本质与特点研究的几个问题 [J]. 山东教育科研，1997（03）：58–60.

［19］霍力岩. 加德纳的多元智力理论及其对我国幼儿教育改革的积极意义 [J]. 学前教育研究，2000（02）：11–13.

［20］张新国. 浅析物理教学过程的基本特点 [J]. 现代技能开发，2002（05）：35.

［21］张景华. 创新教育简论 [J]. 中国成人教育，2003（04）：34–35.

［22］姜村柱，丁红晶. 运用多媒体技术提高物理教学效果 [J]. 中小学电教，2004（09）：36–37.

［23］杨志华. 以科学发展观为统领，大力开拓创新教育 [J]. 四川教育学院学报，2007（S1）：102–103.

［24］王一鸣. 基础物理实验室开放教学模式实践与探讨［J］. 中国校外教育（理论），2007（08）：115.

［25］王鸿雁. 浅谈初中物理概念教学 [J]. 课程教育研究，2012（17）：103.

［26］蔡铁权，何丹贤. 我国近代物理学和物理教育的兴起及早期发展 [J]. 全球教育展望，2013，42（10）：109–118.

［27］黄杰. 提高初中物理演示实验效果的几点思考 [J]. 理科考试研究，2014，21（12）：59–60.

［28］教育部关于加强高等学校在线开放课程建设应用与管理的意见 [J]. 中华人民共和国国务院公报，2015（18）：48–50.

［29］谢玉华. 基于混合式学习的“三主模式”教学研究［J］. 中国教育信息化，2015（02）：53–56.

［30］曹丽娜. 物理教学方法的创新和趣味性研究［J］. 内江科技，2016，37（08）：156＋146.

［31］陈理，张玉华. 翻转课堂“两包三环”教学模式在中小学教学中的创新实践［J］. 中国现代教育装备，2016（18）：21–24.

［32］张倩. 翻转课堂及其在大学英语教学设计中的应用［J］. 海外英语，2016（07）：58–59.

［33］顾俊. “时代·人文·科学”——《物理学的重大进展》教学设计［J］. 江苏教育研究，2016（32）：14–17.

［34］刘妍，顾小清，顾晓莉等. 教育系统变革与以学习者为中心的教育

范式——再访国际教学设计专家瑞格鲁斯教授 [J]. 现代远程教育研究，2017（01）：13-20.

［35］张志凯. 中职混合式课堂教学模式初探［J］. 江苏教育研究，2018（12）：71-74.

［36］李春颖. 初中语文教学整体设计策略探讨 [J]. 新课程教学(电子版)，2018（12）：92.

［37］张晨，李澈. 教育部印发“新时代高教40条” 决定实施“六卓越拔尖”计划2.0[J]. 教书育人（高教论坛），2018（36）：35.

［38］苏秋霞，陈志辉. 布鲁姆教育目标分类学在物理教学中的应用——以“惯性”教学为例 [J]. 中学物理教学参考，2021，50（14）：4-6.

［39］张旗. 波普尔科学哲学理论简介 [J]. 甘肃地质，2021，30（02）：1-13.

